性格心理学

元心语——著

古吴轩出版社

中国·苏州

图书在版编目（CIP）数据

性格心理学 / 元心语著. -- 苏州：古吴轩出版社，
2019.9
ISBN 978-7-5546-1403-7

Ⅰ．①性… Ⅱ．①元… Ⅲ．①个性心理学 Ⅳ.
①B848

中国版本图书馆CIP数据核字（2019）第183451号

责任编辑：蒋丽华
见习编辑：闫毓燕
策　　划：马剑涛
特约策划：周自立
装帧设计：尧丽设计

书　　名：**性格心理学**
著　　者：元心语
出版发行：古吴轩出版社
　　　　　地址：苏州市十梓街458号　　　　邮编：215006
　　　　　Http：//www.guwuxuancbs.com　　E-mail：gwxcbs@126.com
　　　　　电话：0512-65233679　　　　　　传真：0512-65220750
出 版 人：钱经纬
印　　刷：凯德印刷（天津）有限公司
开　　本：880×1230　　1/32
印　　张：6
版　　次：2019年9月第1版　　第1次印刷
书　　号：ISBN 978-7-5546-1403-7
定　　价：39.80元

如有印装质量问题，请与印刷厂联系。022-29644128

　　每天在与形形色色的人打交道的过程中，你或许有下面的疑问：

　　为什么有的人高度敏感，一遇到什么事就乱了阵脚，惊慌失措，而有的人却很少情绪化，遇事沉着冷静，泰山压顶而面不改色？

　　为什么有的人总是将功名排在人生要事的最前面，甚至为此不惜出卖自己的灵魂，而有的人却淡泊名利，享受安逸、平凡的生活？

　　为什么有的人对他人处处设防，充满敌意，而有的人却充满亲和力，使别人一见如故？

　　为什么有的人天生喜欢掌控他人，扮演"管理者"的角色，而有的人却喜欢被别人领导，对别人言听计从？

　　……

人与人之间为什么会有这么大的差异呢？其实造成这些差异的原因是性格。性格是指一个人对现实的稳定态度和习惯化了的行为方式中所表现出来的具有核心意义的个性心理特征。自信果断或优柔寡断、勇敢或懦弱、诚实或虚伪、勤劳或懒惰等都被认为是性格特征。性格就是由许许多多的性格特征所组成的统一体。性格特征表现在人对现实的态度和其行为方式中。

　　你了解自己吗？你试着了解过别人吗？常言道："知人者智，自知者明。"只有了解自己，并了解他人的人，才能在社会交往中游刃有余，才能在成功的道路上越走越顺畅。

　　当我们与人接触的时候，虽然能看到对方的美丑、高矮、胖瘦等，但却无法看透其内心真实的想法。即使深入交往，我们了解到了他的学历、家庭、婚姻状况等，还是无法了解他最核心的部分——性格，因为每个人都善于戴着面具来与人交往。那我们怎样才能认识和了解一个人的性格呢？

公元前2500年前的九型人格理论为我们在探寻性格的道路中拨开了迷雾，使我们得以见识性格的本来面貌。在大量关于性格分析的理论中，"九型人格"是很典型、很具代表性的一种性格理论。"九型人格"的概念是19世纪由乔治·伊万诺维奇·葛吉夫介绍到西方的，葛吉夫是把东方哲学的精神引入西方的先驱者。他指出，我们每个人都有一个主导的性格特征，这种性格大多是我们在童年被迫形成的，并非我们主动选择。

九型人格与其他现代性格分类的最大区别在于它揭示了人们内在最深层的价值观和注意力焦点，并且表明不受表面的外在行为变化的影响。可以说，九型人格理论就是一张详尽描绘人类性格特征的"活地图"，可以让我们了解自己，认识和理解他人，真正做到"知己知彼，百战百胜"。

本书以"九型人格"为主线，以心理学中的"深层心理学""性格心理学"的理论为基础，详细介绍了性格的本质、类型，几种性格障碍，解读性格的技巧，以及性格与职业、社交、情感之间的关系等，并介绍了如何补齐性格中的短板，完善自己的性格，从而超越自我，成为更优秀的自己。

本书语言通俗、案例生动、内容翔实，为读者识别性格、完善自身性格提供了一种工具。相信本书不仅能帮你认识到自己的性格类型，更能帮助你超越自我，弥补自己性格上的缺陷。

不过，需要提醒大家的是，将性格分类的最终意义不是为了分类而分类，更不是为各种性格类型画地为牢，自我设限。相反，我们寻求的是突破，利用自己性格的优势来追求进步，成为更优秀的自己，开启通往成功人生的大门。

破译性格密码

——找到掌控人生命运的"金钥匙"

六大性格障碍

——最容易让人迷失的"性格陷阱"

九型人格面面观

——找到你的性格"标签"

性格决定命运

——成功的人必定有好品质

性格与职业

——匹配的才是最好的

修炼自我性格
——躲开性格心理的雷区

微表情里读性格
——一分钟看透他人性格心理

破译性格密码

——找到掌控人生命运的"金钥匙"

你了解自己吗？你究竟是一个怎样的人？别人怎么这样？他为什么要这么做？这些问题的答案都指向一个重要的因素——性格。了解自己，认识他人，需要我们破译性格密码，揭开人类内心真实的秘密。

什么是性格

中国有句话叫"积行成习，积习成性，积性成命"，西方也有名言"播下一个行为，收获一种习惯；播下一种习惯，收获一种性格；播下一种性格，收获一种命运"。由此可见，中国和西方对性格形成的看法是一样的。那么，什么是性格呢？

从心理学角度来讲，性格表现一个人的品德，受人的价值观、人生观、世界观的影响。这些具有道德评价含义的人格差异，我们称之为性格差异。性格是人在社会生活中逐渐形成的，同时也受个体的生物学因素的影响。

很多人把本性和性格混淆为一体，其实二者是有区别的。

性格是后天形成的，比如，腼腆的性格、暴躁的性格、果断的性格和优柔寡断的性格等。

本性则是先天形成的，比如，虚荣心、荣誉感、自尊心等。人的本性包括求生的本性、懒惰的本性和不满足的本性等。

九型人格，或称作九柱性格学，是一种性格分类。它不仅仅是一种精妙的性格分析工具，更主要的是为个人修养与自我提升、历练等提供深入的洞察力，与当今其他性格分类方法不同。

九型性格具体分类如下：

第一型性格：理想崇高者、完美主义者。改进型、捍卫原则型、秩序大使。

第二型性格：古道热肠者、热心助人者。助人型、博爱型、爱心大使。

第三型性格：成就追求者、成就至上者。实践型、成就型。

第四型性格：个人风格者、浪漫悲悯者。艺术型、自我型。

第五型性格：博学多闻者、格物致知者。观察型、理智型。

第六型性格：谨慎忠诚者。谨慎型、忠诚型。

第七型性格：勇于尝新者、享乐主义者。活跃型、享乐型。

第八型性格：天生领导者。权威型、领袖。

第九型性格：向往和平者、和平主义者。和平型、平淡型。

内向和外向，你属于哪一种

1913年，瑞士心理学家荣格（Carl G. Jung）第一次提出了性格的内外向类型。荣格认为，在与周围世界发生联系时，人的心理可以分为两种倾向，称为"定势"。一种定势指向个体内部世界，叫内向；另一种定势指向外部环境，叫外向。这种划分方法可以看作是人在性格上的最基本的类型。

一般来说，内向的人喜欢安静，富于想象，害羞而退缩；外向的人则喜欢热闹，爱交际。事实上，一个人能够做的，其实就是寻找到自己内向和外向的一个平衡点。从测量的角度来看，没有一个人是绝对内向或者外向的。也许每个人只是曲线上的一个点，每个点的意义都不一样，因为点的不同，造成了一个人在表现上可能有各种变化。

外向性和内向性通常通过自我测试来测量。

设想五个人拿到了如下的问卷：

表现	甲	乙	丙	丁	戊
我是宴会中最活跃的人	同意	同意	同意	不同意	不同意
我愿意受到关注	同意	不同意	同意	不同意	不同意
我善于应付社交事件	同意	同意	同意	不同意	不同意
谈话由我开始	同意	同意	不同意	同意	不同意
我很容易交友	同意	同意	不同意	同意	不同意
我在陌生人面前很安静	不同意	不同意	同意	不同意	同意
我是一个重隐私的人	不同意	不同意	同意	同意	同意
我喜欢独自听音乐	不同意	同意	不同意	同意	同意
我说话前深思熟虑	不同意	不同意	不同意	同意	同意
评价	100%外向	70%外向	50%外向，50%内向	70%内向	100%内向

在这份问卷中，甲和乙是外向者，丁和戊是内向者，丙介于两者之间。

内向外向性格测试

以下是60个测试题目，每个题目都有"是""不能确定""不是"三种答案。请你以最快的速度回答完毕，并统计A、B卷的综合得分。

A卷

1. 当你站在很多人面前时，你会感到不好意思。

2. 更愿意一个人独处。

3. 与陌生人打交道，你觉得不容易。

4. 当你遇到不快乐的事情时，你能一直不露声色。

5. 你不喜欢社交活动。

6. 你不会把自己的想法轻易地告诉别人。

7. 对问题，你喜欢刨根问底。

8. 你凡事很有主见。

9. 会议休息时，你宁肯一个人独处也不愿意与人交谈。

10. 当你遇到困难时，你非弄懂不可。

11. 你不善于和别人辩解。

12. 你时常因为自己的无能而沮丧。

13. 你常常对自己面临的选择犹豫不决。

14. 你喜欢拿自己和别人比较。

15. 你容易羡慕别人的成绩。

16. 你很在意别人对你的看法。

17. 在发现异常的情况时，你容易产生丰富的联想。

18. 你总是把家里收拾得干干净净。

19. 你做事很细心。

20. 你十分注意维护自己的信用和形象。

21. 你信奉"不干则已，干则必成"这一格言。

22. 拿到一本书，你可以反反复复地看几遍。

23. 你做事情多有计划。

24. 在学习时，不容易受外界的干扰。

25. 读书时，你的作业大多整洁、干净。

26. 一旦对人形成一种看法，你不会轻易地改变。

27. 你不喜欢体育活动。

28. 在买东西前，你总是货比三家。

29. 在不愉快的事情面前，你不会生很长时间的气。

30. 你常常担心自己会遇到失败。

B卷

31. 你总是对人一见如故。

32. 你喜欢表现自己。

33. 开会时，你喜欢坐在显眼的地方，方便被人注意到。

34. 你在众人面前总是能够爽快地回答问题。

35. 你愿意经常和朋友在一起。

36. 逛街时，你只要认为是好东西就会立即买下来。

37. 对别人的意见，你很容易接受。

38. 你喜欢高谈阔论。

39. 决定问题时，你是一个爽快的人。

40. 常常不等别人把话讲完，你就觉得自己已经懂了。

41. 当遇到挫折时，你不轻易丧气。

42. 碰到高兴的事情时，你容易喜形于色。

43. 对别人的事情，你不太注意。

44. 你喜欢憧憬未来。

45. 你相信自己不比别人差。

46. 你不注重外表。

47. 即使做了亏心事，你也会很快遗忘。

48. 自己放的东西，你却常常忘了放在哪儿。

49. 对于别人的请求，你总是乐于帮助。

50. 你总是热情来得快，退得也快。

51. 你做事情注重速度，而不注重质量。

52. 你不习惯长时间看书。

53. 你的兴趣广泛，但经常换。

54. 在开会时，你喜欢同别人交头接耳。

55. 答应别人的事情你会经常忘记。

56. 你容易和别人交朋友。

57. 对电视中的球赛节目，你非常感兴趣。

58. 你不看重经验，不惧怕从没做过的事情。

59. 当你做错事情，你容易承认和改正。

60. 你容易原谅别人。

计算方法

A卷 "是" 0分，"不能确定" 1分，"不是" 2分

B卷 "是" 2分，"不能确定" 1分，"不是" 0分

测试结果解析

90分以上：典型的外向性格。

71～90分：稍微外向性格。

51～70分：外向、内向混合性格。

31～50分：稍微内向性格。

30分及以下：典型的内向性格。

气质与性格的"前世今生"

关于气质的学说，早在古代就已经出现了。古希腊医生希波克拉底（Hippocrates，公元前五世纪）被认为是气质学说的创始人。他认为人体内有四种体液：血液、黏液、黄胆和黑胆。这四种体液在人体内的不同比例就形成了人的不同气质，即胆汁质、多血质、黏液质和抑郁质。希波克拉底虽然描述了气质的类型，但不能对这些类型进行科学的解释。

心理学家巴甫洛夫发现高级神经活动的兴奋过程和抑制过程在强度、均衡性和灵活性等方面具有不同的特点，这些特点的不同组合就形成了不同的高级神经活动类型。他认为这种类型特点表现在人的行动方式上，就是气质。

四种气质类型的特征在行动方式上的表现主要是：多血质的人活泼，对外界刺激反应迅速，情绪兴奋性高，具有外倾性；胆汁质的人富有精力，情绪兴奋性高且比较强烈，反应迅速，具有外倾性；黏液质的人一般表现安静，动作迟缓，反应速度慢，情绪兴奋性低，较少在外部表现心理状态，即具有内倾性；抑郁质的人一般表现不够活泼，对外界刺激反应不强烈，反应速度慢，情绪兴奋性低，具有内倾性。

这些气质类型的典型特征，在日常生活中虽然可能遇到比较鲜明的代表人物，但大多数人是近似于某一种气质，同时又具有其他气质的某些特点。

人的气质在童年时期表现得最为明显。随着年龄的增长，人们与生活环境的相互关系变得越来越复杂，因而经受生活环境的影响也越多，某些气质特点也就为后天获得的特性所掩盖。

气质和性格的关系十分复杂。大致有三种情况：

第一种，有些性格特征在各种气质的人身上都可能形成，气质只是赋予这些特征以某种"色彩"。例如，不同气质的人，都可以同样形成勤劳这一种对待劳动态度的性格特征，但是它的表现形式会不一样。

第二种，气质可以影响另一些性格特征的形成、发展的速度。例如，自制是一种表现意志方面的性格特征，有人表现自制是经过了很大的克制和努力，有人表现自制则比较自然、比较容易。

第三种，还有些性格特征则具有较多的动力性质，鲜明地表现着气质的特点，例如，引起情绪反应的快慢和情绪活动的强弱等。

气质的特点表现在人的各种活动中，但它并不影响人的行动的方向和内容。一般不能把某一种气质看作是积极的，而把另一种气质看作是消极的。各种气质都有它积极的一面，也有其消极的一面。这要联系个人的整个个性特点及其在活动中的社会意义来评定。

因此，有些人认为某种气质类型的人只适合做某类工作，这是没有科学根据的。例如，认为黏液质的人能够严格地恪守既定的生活秩序、工作制度，他们是"实际劳动者"；抑郁质的人做单调工作最好，这些人应从事简单的操作；而多血质、胆汁质的人善于社交，似乎是天生的组织者。这完全是对气质的一种误解。人的气质特点并不影响人的活动质量。各种气质类型的人，在同样性质的活动中，都可以获得好的成绩。

喜欢什么颜色，代表什么性格

心理学家研究表明，一个人对某种颜色的喜好能反映出他的性格特征。看看下面这些颜色代表什么样的性格特征。

1. 绿色

绿色是大自然的颜色，象征着和平。

绿色对人的神经系统具有镇静和镇痛的双重效果，能够缓解精神上的紧张感和肉体上的疼痛感。现在，绿色还是医药学的代表色。

喜欢绿色的人性格平和，遇事能克制自己，心绪一般不会产生大的波折，很少有焦虑不安或忧愁之感，他们总是充满了希望与乐观，认为世上的一切事物都是美好的。

喜欢绿色的人擅长社交，能与人和谐相处，但他们不会轻易相信任何人。虽然喜欢与人相处，但他们更希望能够在大自然中与动物一起过着恬静的生活。

2. 红色

红色代表了"火"或"血"。

喜欢红色的人个性坚强，积极向上，他们性格外向，感情异常丰富。同时，喜欢红色的人进攻意识较强，说话做事快而不假思索。

喜欢红色的人是精力旺盛的行动派，他们为了满足自己的好奇心和欲望，不惜花费大量精力。

喜欢红色的人心态积极向上，总是能感染周围的人。但由于他们缺乏耐性，遇到不如意的事，就会生气。一旦有事发生，他们总是先怪罪别人，这点很不利于其人际交往。如果他们能够多一些宽容，在人际交往上一定会更加顺利。

3. 蓝色

蓝色代表宁静。

喜欢蓝色的人性格沉稳，总是镇定自若。他们善于控制感情，并具有很强的责任心。喜欢蓝色的人胸怀宽广，多属于内向的人。

喜欢蓝色的人是很有理性的人，遇到问题总能冷静沉着，在起冲突时总能无声无息地将事情化解掉，在需要反击时，一定会以干脆利落的手段让对方折服。

表面上看，喜欢蓝色的人应该人缘不错，其实他们不擅长交际，他们只和兴趣相投的朋友自组一个小团体。喜欢蓝色的人爱好和平、不好斗，这种性格有时会显得比较懦弱。比如，对待比自己弱小的对手，他们总是十分谦虚、谨慎，而对强硬的对手或上司，他们会放低自己，甚至委曲求全，很少会将自己的真实想法表达出来。

4. 黄色

黄色象征着希望。

喜欢黄色的人性格外向，喜欢新鲜事物，上进心强。

喜欢黄色的人讨厌一成不变、好奇心强、爱钻研。喜欢黄色的人绝对是个"挑战者"，他们性格独特，在人群中很容易成为焦点人物。他们不会轻易改变自己的想法，是可以信赖的人。

喜欢黄色的人相当自信，他们大都学问渊博并以此为傲。他们看起来像一个社交家，其实内心十分孤独。

此外，喜欢黄色的人常会感觉自己得到的关爱不够。不过喜欢奶油色这种淡黄色的人性格却较为稳定，他们对大局的平衡能力也比较强。

5. 紫色

紫色代表高贵、优雅和神秘。

喜欢紫色的人极具创造性，生活中崇尚高贵、优雅与浪漫，如果遇到理想中的对象，会主动追求。

喜欢紫色的人大都具有成为艺术家的潜质，生活中的他们十分感性，观察力极其敏锐。

喜欢紫色的人容易多愁善感，焦虑不安，大多是性格内向者。他们外表平和沉静，内心十分坚强。如果遇到能够产生内心共鸣的事物，他们会不顾一切地为之感动，并热烈地向往，这一点常常会不被他人理解。

喜欢紫色的人在公开场合总是显得沉默而内向。他们常常容易滥用感情，以致造成很多不必要的误会。这种不是恶意的情感表达，在事后别人告诉他之后，他会认真反省，但很难保证不会再犯。

6. 棕色

棕色代表着稳定和中立，也是地球母亲的颜色。

喜欢棕色的人向往简单、舒适、有品质、和谐的生活，比较恋家。

喜欢棕色的人性格坚定，他们可能不能忍受别人行事急躁。他们在外表及处理事情的态度上，总能给人一种信赖感。

喜欢棕色的人十分热爱生活中美好的事物，他们富有感情，喜欢美食、美酒和有人陪伴。

喜欢棕色的人，时常会因过分抑制自己的感情而生活在自己的世界里。他们会觉得身穿棕色或泥土颜色的衣服会给自己带来安全感。对于喜欢棕色的人来说，如果渴望安全的情感同时也希望能得到外界的认同，就需要意识到自我价值并摒弃思想上的狭隘。

7.粉色

粉色代表纯真、可爱和温柔。

喜欢粉色的人多为女性，她们比较感性，处世温和。

喜欢粉色的人常常想让自己呈现出年轻、有朝气的感觉。

喜欢粉色的人因为不擅长向人吐露心事，喜欢躲在自己的小世界之中，又因为不容易接受别人的意见，不喜欢与人争论，常被认为是优柔寡断的人。

喜欢粉色的人很容易对一些事物产生兴趣，但却不愿意主动探究，有依赖他人的倾向。

有一个有趣的现象，如果原本并不钟情于粉色的女性突然喜欢上粉色，这有可能是她想得到某位男性的关注，因为粉色能让自己显得更加温柔。粉色是恋爱之色，恋爱中的人更倾向于喜欢粉色。

六大性格障碍

——最容易让人迷失的"性格陷阱"

在生活中，有的人在人际交往中处处碰壁，总是被冷落。究竟是什么成为他们建立良好人际关系的屏障呢？原因可能在于他们存在不同的性格障碍，而不论哪一种性格障碍，都会使他们成为人群中不受欢迎的那类人。

社交恐惧症：不喜欢成为别人注意的中心

社交恐惧症俗称"见人恐怖症"，患者害怕自己在别人面前出洋相，害怕被别人观察，害怕与人交往。有些患者甚至对打电话、到商店购物、参加聚会或向人询问都感到困难。

社交恐惧症严重影响了患者的生活和工作。许多一般人能够很轻松就办到的事，对于社交恐惧症患者来说却十分困难。社交恐惧症患者会觉得自己是个乏味的人，并认为其他人也会那样想。于是，他们就会变得十分敏感，更不愿意打扰别人。这样的结果是，患者会感到更加抑郁和焦虑，从而更加恐惧社交。许多患者为了适应这种状态，不得不改变自己的生活方式。甚至有的患者因为不愿意与人打交道，而放弃很好的工作机会。

具体来说，社交恐惧症患者主要有以下几种心理表现。

1. 孤僻

孤僻心理分两种情况：一种是孤芳自赏，自命不凡，不愿与人为伍；还有一种是属于有某种特殊的怪癖，使别人无法接纳，从而影响了社会交往。

2．恐惧

恐惧心理表现为同他人交往时，会不由自主地感到害怕和拘束，以致语无伦次、手足无措，严重的甚至害怕见人。其中有一部分人主要表现为对异性的恐惧，称为异性恐惧症。

3．自卑

自卑心理表现为在人际交往中想象失败的体验多，想象成功的体验少，对自己缺乏信心，没有勇气去同他人交往。

4．自傲

自傲心理表现为过度高估自己，总是自以为是，常使人际交往对象感到窘迫、紧张或难堪，从而使交往变得困难。

5．自闭

自闭心理表现为把自己的真实想法和情感隐藏起来，试图与他人保持一定的距离。

6．害羞

害羞心理表现为人际交往中过分约束自己的言行，使自己无法表达出真实的思想感情，阻碍了人际交往的正常发展。

7．敌视

敌视心理分两种情况：一种是讨厌他人，乃至仇视他人，把正常的人际关系视为尔虞我诈；还有一种是总觉得别人在算计自己，从而不愿与人交往，甚至表现为攻击性行为。这是一种比较严重的社会交往障碍。

社交恐惧症对患者的生活和工作有很大的影响和阻碍，所以社交恐惧症的治疗不容忽视。具体来说，患者可从以下几方面来进行自我治疗。

1. 不要沉浸在消极想法里

我们在社交谈话时，一般会有三个相关概念：你打算呈现的、你实际呈现的和你希望呈现的。如果你总是在想自己还没有完善的地方，那么就是恶性循环。当我们离开会议、聚会或者某个社交场合之后，不要老想着那些本该做得更好的地方，别去想"为什么我会那样说"。

如果你总是专注于负面，你便会认为自己是一个在社交场合说错话的人，而且这种想法会经常表现出来。要知道，每个人都会说错话。从现在开始别再纠结，忽略那些消极的想法。

2. 认清现实

要知道，就算你感到胆怯和恐惧，也很正常，你的大脑仅仅是对新的刺激反应反常，使你变得格外小心而已。了解这点，将帮助你合理理解到底发生了什么，并且使你在未来遇事更放松。

你无须害羞和焦虑，忽略加速跳动的心脏和出汗的手心，告诉自己，这只是一些化学物质和细胞遇到一些不存在的威胁时的反应，让自己冷静下来，理智面对。

3. 适当地暂停下来

即使在公众场合，也无须感到恐慌。当有人问你问题时，你应该停下来思考一会儿，再给出适当的回答。

那些在公众场合感到焦虑和恐慌的人，一般都会立即回答别人的问题。他们认为当对方问完问题，自己必须立即回答问题，其实没这个必要。

如果你在短时间的思考后回答，你的话听起来将更深思熟虑，更有见地，而且你能将自己真实的意图更完美地表达出来。

学会暂停一下再回答问题，思考一下你所要回答的问题，避免说"嗯"，这样可以让你的才华更好地呈现出来。

4. 注意你的肢体语言

一个人的生理往往能影响心理。你要做到的是，不让自己做出害羞与胆怯的举动，不要畏畏缩缩，不要将自己隐藏起来。

让自己放松一些，昂首挺胸，当你这样做，你会信心大增，人们也会被你的肢体语言所感染。如果你表现得畏畏缩缩，人们就会认为你没有信心，并且认为你是一个胆小的人。

让自己看起来自信满满，像一个领导者一样。如果站在台上演讲，你要做出大气夸张的手势。如果你想改变自己，你必然要这么做，人们也会相信你所展现出来的形象。

谎语癖：说谎成了一种习惯

小时候，父母会教育我们不要说谎话，因为说谎是一种不好的行为。然而，在现实生活中，或许每个人都有过说谎的经历。也许有些谎言是善意的，也许是因为迫不得已才说谎，这些都情有可原。但是，还有一部分人已经完全不能控制自己的说谎行为，说谎对他们来说已经成了一种习惯，这些人如果不说谎就会感到难受。说谎发展到这种程度，已经不仅仅是一种掩饰或夸张的行为，而是成了一种心理疾病，心理学上将这种症状称为"谎语癖"。

具有"谎语癖"的人，就算是在不需要说谎的情况下仍然会习惯性地说谎，当他们看到别人相信自己的谎言时，心里就会沾沾自喜，说谎已经成为他们生活中不可缺少的一部分。他们有一种长期形成的表演特征，故意捏造事实，编造谎言。他们中有一部分人撒谎的目的仅仅是想得到变态心理的满足，造成撒谎骗人的实际后果，虽然谎言经常被揭穿，但他们依然沉浸其中，不能自拔。

心理学家通过研究表明，人类在成长过程中，并不能完全掌控自己的行为，其行为总是受到各种意识、无意识、潜意识等的影响。在受到内心欲望的驱使或环境的压力时，人的行动经常会失去自我控制，其失控行为的好坏程度就得视当事者对事情的看法以及应变能力而定，严重的就会出现完全违背自己信仰和认知的言行，谎言就是这样产生的。

表面上看，说谎的行为似乎很简单，但说谎动机却十分复杂，具体来说，说谎有以下几种动机。

1. 戏弄他人

通过说谎，以恶作剧的方式从别人的反应中获得变态的满足。

2. 获取利益

通过说谎行为，得到某种利益。利用说谎行为来骗取物质、名誉等，以此来满足自己的需要。

3. 博取他人的羡慕

通过说谎行为引起他人的关注，在别人面前炫耀、表现自己，从而博取别人的注意和羡慕。

4. 保护自我

通过说谎行为来逃避某种责任，避免自己受到责罚。

5. 避免痛苦的回忆

此类人在与人交往时，态度冷淡，防卫心强。通过说谎来极力表现一切都好，从而避免痛苦的回忆。

6. 报复

通过说谎来对别人进行报复，从而发泄自己心中的愤怒等。

7. 幻想

通过说谎把自己头脑中幻想的内容表述出来。这种说谎动机一般发生在年龄较小的孩子身上。

"谎语癖"患者的特点是持续性地撒谎，遇到什么事都会习惯性地说谎。他们对说谎有心理依赖，不能控制自己。"谎语癖"患者在撒谎时都表现得十分镇定。他们的谎言听起来毫无破绽，甚至他们自己也信以为真。他们的谎言里有对话、细节，甚至心理分析和内心独白。他们还会故意设计场景，通过看似随意的场景设计来提高别人的信任度。当别人相信了他们的谎言之后，他们会产生极其满足的感觉。

说谎是一种不好的行为，不仅对自己有害，对他人和社会也会造成很大危害。谎言将真相隐瞒，使结果偏离正确的方向。如果一个人总是说谎便会失去诚信，如果说谎的人掌握了更大的权力，就可能对社会造成很大的影响。

中国历史上的周幽王，将烽火台点燃，谎报军情，只为了博得美人一笑。开始的时候，诸侯看到点燃的烽火，便率兵赶来，可是次数多了，诸侯便不再相信。结果，当敌人真的来了的时候，再没有一个人来救援，西周就这样灭亡了。

强迫症：过度注重细节的观念和行为

你是否会出现下面这些状况？

出差去机场的路上，总觉得机票忘带了，反复开包检查。

开会时总觉得手机在响，不停地看手机。

上班停好车，走进办公室，总是担心车门没锁好。

出门反复锁自己的抽屉，生怕抽屉没锁好。

······

如果有以上这些症状之一，那么你可能已经患上强迫症了。

强迫型人格障碍是一种性格障碍，主要特征是苛求完美。

刘女士今年45岁，是一家企业的会计，工作认真出色，20多年来没出过差错。前段时间，企业的一名员工从她那里领取5000元现金，她反复数了7遍，递给对方之后还反复地交代"你再数数，看够不够"。对方走了之后，她又打电话问有没有错，甚至追到那个员工的办公室，反复问"我没有多给你吧？""没错吧？"之类的话。

不仅如此，她还经常反复回忆一天的工作情景，只要一闲下来就回想每件事情的经过，有时能反复想三五遍，弄得她失眠、疲惫，办事效率明显下降。这样的情况一直持续着，以致到最后无法正常工作，只好请假回家休息。

可是，在家待着也有烦恼。因为工作的原因，经常数钱，她总觉得手很脏，在家反复洗手，一双手还有手腕处洗得泛白。刚开始每次洗1个小时，后来2个小时、3个小时，再后来家人只好把她从卫生间里拖出来。家人觉得她的行为怪怪的，但又说服不了她，只好带她到医院向心理医生求助。

来到诊室，医生发现刘女士虽然两手洗得泛白，可是头发一缕一缕的，身上的味道也很难闻，看上去有一段时间没有洗头、洗澡了。

"我们不让她洗手，她又觉得水龙头很脏，不摸水龙头了，她已经一个月没有洗澡了。"陪同的家人说。护士准备带她去洗手，她嫌卫生间的水龙头脏，不愿去。护士再说，她就两手抱在胸前干脆不把手拿出来了。在诊室坐了一会儿起身要离开时，刘女士站起来后用手拨拉拨拉凳子，说"看有没有东西掉了。"她的家人还说，她平时开车都不敢开窗，生怕风吹走了车里的东西，哪怕是一片纸。

刘女士是一个事事追求完美、很细心、很认真谨慎的人，加上工作压力大，害怕出错，很自然地就成了这样一个患强迫症的人。

一般来说，有强迫型人格障碍的人的道德观念较强，对自己要求严格，追求完美，同时又有些墨守成规。他们谨小慎微，因为过分重视事物的细节而忽视全局；优柔寡断，面临意外而不知所措。由于行为表现过度认真、拘谨和执拗，缺少灵活性，也由于过度自我关注、自律和刻板，他们很少有自由悠闲的心境，缺乏随遇而安的潇洒，长期处于紧张和焦虑状态。

强迫症症状主要有下面两种表现。

1. 强迫观念

强迫观念指在患者脑中反复出现的某一概念或相同内容的思维，明知没有必要，但又无法摆脱。表现为反复回忆，反复思索无意义的问题，脑中总是出现一些对立的思想，总是怀疑自己的行动是否正确（强迫性怀疑）……

2. 强迫行为

强迫行为是指患者反复做一些没有必要的行为，如反复检查、反复洗手、反复计数以及仪式性动作等。患者明知反复的强迫行为不对，但无法控制，因为一旦控制不做，立刻会出现紧张、心慌等严重的焦虑表现。为了避免焦虑的折磨，患者只好顺应强迫，去想、去做。这个特点被称为有意识的自我强迫和反强迫。

强迫症有多种治疗方式，一般从把握住患者的心理入手，使患者认识或明确意识到自身的症状。更为重要的是患者要学会自我矫正。首先要消除误解，树立信心。强迫症属于轻度的精神障碍，不会发展成重度精神病。其次要意志控制，转移注意力。坚持正常的学习和工作，使生活节律紧凑有序，同时培养广泛的兴趣爱好，通过社交及文体活动，分散和转移对症状的关注。最后是臆想暴露，思维中止。通过想象"要发生"什么，反复体验并最终意识到自己夸大危险和过度担心是不必要的。通过有兴趣的活动或放松训练等随时阻断自己的强制性思维。

偏执型人格障碍：过于执着的结果

偏执型人格又称妄想型人格。患有这种人格障碍的人常常表现得极度敏感，受到侮辱和伤害会耿耿于怀；性格固执，多疑，心胸狭隘；身边的人如果获得成就或荣誉，他们会感到紧张不安，嫉妒心理油然而生，不是寻衅挑事，就是在背后风言风语，或公开指责别人；十分自负，过分高估自己的能力，总是习惯把失败和责任推卸给别人，在工作和学习上总是说得比做得好；内心自卑，常常对他人要求过高，很难对他人的动机和愿望产生信任感，总认为别人动机不良；遇到问题易感情用事，主观片面性大，不能客观地分析形势；在建立家庭之后，经常疑神疑鬼，怀疑配偶对自己不忠；等等。

心理专家调查表明，患有偏执型人格障碍的人数占心理障碍总人数的5.8%，但因为这类人内心固执，很少承认自己的缺点，所以实际情况可能要超过这个比例。

偏执型人格障碍的具体表现有以下几个方面。

第一，易产生嫉妒心理。

第二，过分自负，总将挫折或失败归咎于他人，认为自己正确。

第三，不能宽容他人的错误，记恨在心。

第四，觉得自己的能力和智慧比别人更强，不顾及他人的喜怒哀乐，不愿和他人分享，朋友很少，人缘差。

第五，一件很平常事物，在他们看来都是阴谋。

第六，即使自己的想法与客观证据严重不符，他们也坚持己见，并且很难改变想法。

第七，喜欢与人争辩和敌对，固执地追求个人不够合理的权利。

如果具有上述项目中的三项症状，便可被诊断为偏执型人格障碍。

对偏执型人格障碍的治疗应以心理治疗为主，来克服多疑敏感、固执、不安全感和自我中心的人格缺陷。主要有以下几种方法。

1．主动结交朋友

主动地与身边的人交往，尝试着信任别人，消除不安感。交友的原则和要领是真诚相见，以心交心。学会理解和尊重他人，学会将心比心，站在他人的角度上看问题。"如果我是他的话，别人这样对我，我会怎么样想？"通过以心换心，取得对方理解和尊重，给自己一个较宽松的人际空间，要牢记这样一句话："找到朋友的唯一办法是自己成为别人的朋友。"学会微笑，宽以待人。一个整天都板着脸的人，人们是不太愿意与之交往的。因此，我们应该学会向自己认识的所有人微笑。

2. 学会用自我分析法分析自己的一些非理性的观念

例如，每当自己出现对同学或老师有敌意的观念时，就要分析一下是不是自己陷入了"敌对心理"的旋涡之中。

3. 宽容他人，克制自己

能够让自己的内心容忍一些事情，不要让内心敌对的情绪吞没自己的理性。想要发火时，警告自己，这样做对解决问题毫无帮助。

分裂型性格缺陷：活在自己的世界里

　　分裂型性格缺陷，心理学术语为"分离性身份识别障碍"，俗称"双重人格"或"多重人格"，是一种以观念、外貌和行为奇特以及人际关系有明显缺陷，且情感冷淡为主要特点的性格缺陷。这种性格的人一般较孤独，他们喜欢沉默，不爱人际交往，不合群。他们很少参加社会活动，显得与世隔绝，很少有朋友。虽然他们自己也会因此而痛苦，但并不能认识到自身的问题。

　　分裂型性格缺陷者主要表现为非常胆小，离群独处，回避社交，一个人沉浸在自己的世界里而缺乏行动；其行为古怪，不修边幅，喜欢自言自语；这类人大多对感情较冷淡，对他人缺乏热情，没什么爱好，外界事物很难激起他们的兴趣，对待批评与表扬总是一副无所谓的样子。

　　这种类型的人很少有攻击行为，所以也很少会给他人制造麻烦。但这类人一般不会顾及别人的需要，喜欢独来独往，沉浸在自己的幻想中，很难胜任责任心强的工作。

　　如果分裂型性格缺陷进一步发展，可能会成为精神分裂症，青少年人群中出现的分裂型性格缺陷很可能是早期精神分裂症的重要信号。因此，当我们自己或者身边的人出现分裂型性格缺陷症状，应当及时进行心理治疗，纠正我行我素、情感淡漠等现象。具体来说，可以从以下几方面进行心理训练。

1. 训练情感

训练情感主要通过欣赏艺术、文学、自然风光等，感受艺术、文学、自然之美，陶冶情操，重塑正确的世界观，从而起到纠正情感淡漠、不修边幅等性格缺陷的作用。

2. 培养兴趣

由于分裂型性格缺陷者兴趣贫乏，对外界事物缺少激情，所以须对其兴趣爱好进行培养，具体做法如下：

（1）使分裂型性格缺陷者提高自我认知，分析自我性格缺陷，重新确定积极的人生目标，并为之努力奋斗。

（2）帮助分裂型性格缺陷者培养广泛的兴趣爱好，如书法、绘画、户外运动等。

（3）引导分裂型性格缺陷者积极参与各种集体活动，丰富生活的同时培育出良好的情感色彩。

3. 训练社交能力

由于分裂型性格缺陷者有回避社交、离群独处等性格缺陷，所以须对其进行相应的社交训练，具体步骤如下：

（1）提高自我认知，让分裂型性格缺陷者认识到离群独处对自己的危害，使他自觉投入到社交训练中。

（2）社交训练应从易到难。开始以单人对话为主，对话时长

由短到长渐渐增加；然后对话对象从单人发展为多人；最后为集体
活动，彻底改变分裂型性格缺陷者离群独处的性格，培养出积极的
社交心态。

（3）结交知心朋友。在社交训练的过程中，分裂型性格缺陷
者应该积极结交朋友。在训练结束后，应该至少有两个以上的知心
朋友。朋友之间坦诚相见，互帮互学。

依赖型人格障碍：总是依靠他人来做决定

在生活中，我们常常会遇到这样一类人：他们在精神上缺乏自主性，总是依赖于长辈、父母、配偶或强者，他们很难自己做出选择和决定，需要别人示范、指导或赞美。如果身边没有依靠，他们便会感到焦虑或恐慌。他们严重缺乏自信，十分在意别人的评价，有极强的从众心理，人云亦云，盲目模仿。他们往往工作能力较强，能够很好地完成上级分配给自己的任务，但前提条件是要得到比较明确的指示。假如有什么事情要让他们自己来拿主意，他们就会变得犹豫不决，左右为难。他们严重缺乏判断力，无法决定下一步的行动方向。在心理学上，我们把这一类人的性格缺陷称为"依赖型人格障碍"。

依赖型人格障碍是一种常见的性格缺陷。患有依赖型人格障碍的人，大多是在童年早期依赖需求被过分满足，从而导致成年后还保留一种孩童期的依赖心理，以至于停留在"心理哺乳期"，有的人甚至处于"终生心理哺乳"状态。

在幼年时期，儿童离开了父母就无法生存。在儿童眼里，父母是万能的，父母保护他、养育他、满足他的一切需要，他必须依赖他们，生怕失去了这个依靠。如果此时的父母过分溺爱孩子，鼓励子女的这种依赖行为，不给他们创造独立和自主的环境，这样下去，在子女的心目中就会逐渐对父母或权威产生依赖的心理，成年以后依然无法独立生活。缺乏自信心，总是依靠他人来做决定，终身不能负担起选择采纳各项任务、工作的责任，形成依赖型人格。

依赖型人格障碍是日常生活中较常见的人格障碍。具体来说，依赖型人格障碍的特征定义主要有以下几点。

第一，缺乏独立性，很难单独展开计划或做事。

第二，容忍过度，做自己不愿做的事，放低自己去讨好别人。

第三，如果他人没为其提供大量的建议和保证，便不能对日常问题做出决策。

第四，遇到重要决定时，总是寻求他人帮助。如职业选择、生活方式等。

第五，如果没有得到赞许，内心会十分失落。

第六，就算是他人做错了，也会随声附和，因为害怕被别人遗弃。

第七，当亲密的关系中止时，感到无助或崩溃。

第八，时常被遭人遗弃的念头所折磨。

第九，一个人的时候，会感到不适和无助，并竭尽全力逃避孤独。

如果同时满足上述特征中的五项，即可诊断为依赖型人格障碍。

当然，我们需要区分病态的依赖和正常的依赖。每个人都有依赖的需求和渴望，都希望有更强大、更有力的人帮助自己。不管我们看起来多么强壮，也不管我们看起来多么坚强，但在内心深处，我们都希望有个人可以依赖。不管年龄大小，无论成熟与否，我们都希望爸爸和妈妈能陪伴左右。这种思想是合理的，因为这种渴望不会控制我们的生活。但如果这种思想控制了我们的一言一行，控制了我们的一切感受和需要，那它就不再是一种简单的渴望了，而是变成了一种过分依赖的心理问题。这种过分依赖心理会引起心理失调，心理研究者称其为"消极性依赖人格失调"，这种心理症状是所有心理失调现象中最常见的一种。

当然，患上依赖型人格障碍并不可怕，患者可以采用如下方法进行心理矫正。

1. 改变自己的日常行为习惯

反省一下自己的行为习惯，清楚自己在哪些方面习惯性地依赖他人去做，哪些是自己做决定的。可以每天做一次记录，记录十天，然后将这些事件按自主意识强、一般、较差分为三个级别，每十天做一次小结。

2. 找一个监督者

想消除依赖行为并不容易。如果依赖成为一种习惯，你会发现要做每个决定都变得那么艰难，你可能会不知不觉地又回到老路上去。所以，要想改变这种状况，你需要找一个自己最依赖的人作为自己的监督者。

3. 重新认识自己

（1）找到根源所在。患有依赖型人格障碍的人缺乏自信，自主意识较低。他们形成这种性格，是因为童年期没有受到正确的教育，因而变得对自己没有信心。依赖型人格障碍患者可以回忆童年时期，回想自己的父母、长辈或朋友对自己说过的具有消极影响的话，把这些记忆整理出来，明白自己依赖心理的根源所在。

（2）找回自信。锻炼自己，找一些略带冒险性的事情去做，每十天做一项。比如，独自一人去参加一些公共活动，在公共场合当众发言。通过这样的锻炼，可以慢慢找回自信，从而改变凡事都依赖他人的性格缺陷。

九型人格面面观

——找到你的性格"标签"

2500年前，人们建立了九型人格理论，它的影响意义深远。九型人格作为一种精妙的性格分析工具，能让人真正地做到知己知彼。它不仅有助于我们完善自己的性格，还有助于了解他人，与他人建立和谐的社会关系。

"完美是我的毕生追求"——完美主义者

角色定位：完美主义者（完美型）。

最关注的问题：我应该怎么做才能避免出错？

主要特征：不轻易妥协，讲原则；是非分明，常把"应该"和"不应该"挂嘴边；对自己和别人要求非常高，近乎苛刻；做什么事都力求完美。

对自己的要求：严格按规矩办事，十分有原则；希望自己能把每件事都做得完美；是非分明，执着于对错。

习惯性行为：时常检查哪儿出错了，哪里不符合要求和标准。

人际关系：因为事事追求完美，很少讲出称赞的话，反而经常会批评，对自己这样，对身边的人也这样；对自己的要求极高，所以内心压力也很大，使得自己很难放松心情去玩，缺少快乐。

性格倾向：喜欢纠正自己或他人的错误，时常使自己处于监测状态，希望将每件事都做得井然有序；批判、被动；聚焦于错误之处，急于将事情做好，做得完美；性格较独立，工作勤奋，极具责任心，做事有目标，十分注重效率；经常会批评他人与自我批评，缺乏耐性，要求苛刻；总是将冲动和渴望压抑在内心深处；总是坚持自己的原则，很难接受他人的不同意见；比较严谨，平常不苟言笑；很少顾及他人，吹毛求疵，时常批评他人做事不够好；脚踏实地，做事从实际出发。

浪费精力处：不管什么事情都不敢交给他人去做，完美型的人最大的性格特点是事必躬亲，这也是最浪费精力的地方；此外，完美型的人做事十分细心，过于注重小节，将大量精力消耗在繁枝细节上，从而无法有大的建树。

性格形成的可能性原因：也许在童年有个很严厉的长辈，长辈要求非常高，其常常受到长辈的批评；由于从小很难得到他人的赞美和鼓励，所以内心十分渴求他人的赞许，从而要求自己做要完美；由于追求完美，所以时刻检查自己，检查的结果是认为自己不够努力，又会苛责自己，良心不由得受到谴责，感觉活得很辛苦；看到别人很轻松、开心、自由自在，内心就会产生怨恨和沮丧之情。

"我助人，我快乐"——帮助者

角色定位：帮助者（助人型）。

最关注的问题：我应该如何去帮助别人？

主要特征：渴望得到别人的爱；希望与他人保持良好关系；甘愿迁就他人，以他人为主；想要别人觉得需要自己，但自己却经常忽略自己。

对自己的要求：要时刻感觉到自己的好，自己有付出爱的能力，并要跟别人的情感及生活紧密地结合在一起，才会觉得有生存的价值；如果感到不被人需要，不被人依赖，就觉得生活很孤独、很乏味。

习惯性行为：觉得自己一定要很好，满足别人的需要，别人才会喜欢自己，所以助人型的人为了让别人喜欢自己，发挥自己最大包容心及为他人服务的特质；总是以自我牺牲的方式，提供爱和友情给他人。

人际关系：很喜欢帮人，而且主动，慷慨大方。虽然对别人的需要很敏锐，但却往往将自己的需要忽略；首先考虑满足别人的需要，然后才会考虑自己，所以很少向别人提出请求；缺乏自我，需要靠帮助别人来肯定自己。

性格倾向：正因为帮助他人使自己得到很大的满足，他们才想继续去帮助他人，这个本属于正常的；可是，当投入的时间和精力越多，就希望得到越多的回报；此时，他们希望朋友会很依赖他，甚至是只依赖他一个，事事对他说，跟他分享，这也反映了助人型的人内心的占有欲。

假如朋友并不依赖于他，他就会感到很失望，觉得朋友们背叛了他。甚至，他们可能会对朋友施加压力，用以控制他们。当然，并不是每个助人型的人都是这样，当他们状态不佳，心情不太好时，的确有可能出现以上倾向。

浪费精力处：由于助人型的人过于投入生活，太关心他人的需要，反倒是忽略了日常生活中应该做的事情，尤其是对自己的家庭总是付出很少，使得家庭成员心生埋怨。

助人型的人乐于为他人服务，忽视了自己的疲劳，所以助人型的人不计较代价地为他人付出时，也许有一天会忽然发现自己已经不堪重负。

性格形成的可能性原因：在童年时期形成了一种思想——如果自己很乖巧，很讨人喜欢，就会被身边的人注意到。所以他们的认知就是，要想得到别人的爱，就必须付出相应的代价。

"最痛苦的事情就是一事无成"——实干者

角色定位：实干者（成就型）。

最关注的问题：我要如何才能取得成功？

主要特征：好胜心极强，常与他人做比较，以成就来衡量自己的价值；重视形象和工作，很少表达内心的真实感受；充满活力与自信，风趣幽默，处世圆滑，积极进取。

对自己的要求：不断地追求进步，提升自己的才华，希望能得到大家的肯定，所以是个野心家；最终目的是让大家佩服、羡慕，并成为众人眼中的焦点人物。

习惯性行为：常常喜欢夸耀自己的好，觉得自己做的每件事都棒，自我膨胀过度；很爱出风头，卖弄自己的才华、地位等；做事很有效率；看不见别人的成绩，喜欢把别人的功劳都归功于自己；喜欢当主角，希望得到大家的注意；觉得自己值得被爱，如果别人没付出，就会很生气和沮丧。

人际关系：精力充沛，总是充满活力，因为他们有很强的争胜欲望，他们喜欢接受挑战，会把自己的价值和成就连成一线；会一心一意去追求一个目标，因为他们相信"天下没有不可能的事"；活力十足，通常是一个团体的领袖人物。

成就型的人有一点自恋、自我膨胀。所以他们都会把自己最好的一面给身边的人看，甚至在某些时候，会对他人撒谎，以求保持自己在他人心目中的形象。在很多时候，成就型的人其实没有那么强的实力，只是他们的表达有一些夸张。

性格倾向：性格外向，比较主动，擅长外交；相信"世上无难事，只怕有心人"；他人会觉得他们是一个有野心的人；做什么事情都想争先于别人；注意力集中在结果，而非过程；希望自己的成绩得到认可和接受；不注重自己的感受；喜欢与人竞争，借由超越他人来建立自己的优越感；如果没有完成预期目标就会恼火、沮丧；注重效率，有时会为了追求高效而放弃细节走捷径；动力十足，热爱工作，努力取得成就，以获得地位和赞赏；为了声望和财富，有时牺牲婚姻、家庭或朋友。

精力浪费处：将大多精力都浪费在配合别人和自我宣传上，所以在一个人独处时，常会有空虚感。

性格形成的可能性原因：在童年时期，身边必定有非常疼爱他们并常给他们鼓励和赞美的长辈。因此，他们从小就有一种优越感，相信自己是最优秀的，为了经常得到被他人夸赞的满足，他们遇到什么事情都会努力去做，去争取成功。

"别人总说我多愁善感"——浪漫主义者

角色定位：浪漫主义者（自我型）。

最关注的问题：我如何才能成为一个与众不同的人？

主要特征：十分珍惜自己的爱与情感，想好好地滋养它们，会用最美、最特殊的方式来表达自己的爱与情感。

对自己的要求：不停地自我察觉、自我反省及自我探索，希望能创造出世上独一无二、与众不同的形象及作品，相信自己能创造出一切；认为努力脱离平凡才是生存的意义。

习惯性行为：常被自然的景象触碰内心，禁不住自怜、自伤；对爱的人绝对忠实，希望与自己喜欢的人一直保持亲密关系，非常害怕失去别人的感情；跟生活没有直接关系的事，很难引起他们的关注。

人际关系：过分注重自己的感受，总是沉醉于自己的想象世界里，无法积极投入到社会活动中。

性格倾向：性格较内向和被动，多愁善感，感情丰富；很容易被生活中的悲剧所触动；非常注重和他人之间的关系；在同不熟的人接触时，会表现沉默和冷淡；内心烦恼的时候，他们会独自来处理烦恼的情绪；对自己不喜欢的人，会流露出拒人以千里之外的态度；当遭到拒绝、挫折时，就会退却，变得害羞和沉默；有时会感到忧郁，心中有很多梦想和理想，可总是很难实现它们；对别人的痛苦具有深层且天赋的同情心，会立刻抛开自己的烦恼，去支持、帮助在痛苦中的人；其创造力、热情和丰富的感情容易吸引其他人。总的来说，自我型的人是一个直觉敏感、有创造力及理想化的人。

浪费精力处：将所有精力都浪费在幻想、多疑与自怜自哀中。

性格形成的可能性原因：自我型的人的记忆中，往往都有这样的特点：其童年时世界是美好的，然后在一瞬间，生活面临巨大的变化，有些因为双亲的离异或死亡而失去了父母之爱，也有些遭受家庭环境的剧变，不管剧变是否真的发生，这种失落或离异的记忆造成的创伤对此类型的人而言是强烈的。

自我型的人花了大量时间试图找出失落的原因，他们总是将失落当作个人问题，常常觉得是自己的错失，他们害怕在某方面做得还不够：不够有魅力、不够吸引人或者不够有深度。当他们的尊严受到打击时，会变得极端，可能会变得过度优雅、过度深奥、过度威严，甚至还过分地爱管闲事。

然而，他们只是将这些伤痛隐藏于内心的深处，而不为外人所知。自我型的人总是与群体保持适当的距离，在人前流露出优雅和真切。当自我型的人长大成人后，他们总是让自己活在负面期待的世界里。

"我享受旁观者的角色"——观察者

角色定位：观察者（观察型）。

最关注的问题：我如何才能获得更多的知识？

主要特征：认为没有知识的人是无能的人；用尽一生去追求知识，为的是能安全地存活在世上；用知识去印证一切事物，也以知识指导自己的行动；会抽离自己的情感，冷眼看世界；喜欢思考分析，一般都知识广博，但缺乏实际行动；崇尚精神生活，对物质生活要求不高；不善表达自己内心的真实感受；爱观察和批评，每天有看不完的书。

对自己的要求：对于周遭的一切，完全从收集的资料中去分析、了解；对不了解的事，会有一种不安全感，所以他们的一生，就是想获得更多的知识，使自己对每件事都能了如指掌，也好在面对时知道如何去做；不太在乎外表的装扮，物质生活也贫乏，但却有极高层次的心灵境界；对于别人的事不热情，也不会主动帮忙，但在别人的要求下，会帮别人分析得条理分明。

人际关系：因自己不大会与人交往，无法了解别人的情感，使得别人也不知如何与他们相处。在这样的恶性循环下，他们变得更加孤独、空虚，为了逃避这种孤独和空虚，他们会将所有的精力都投入到收集资料和研究学问中。

性格倾向：性格多内向，比较自我，喜欢思考问题和探究知识；十分理性，避免情绪激动；很容易自我满足，一切事情都追求简单化；对时间、空间和知识十分贪求；很少对他人说好听的话；难以表达出自己心中的感受；很少参加娱乐活动，在人际关系上总是保持理性的状态，不善于变通；喜欢独处，不希望别人打扰自己。

总体来说，观察型的人是好奇心强、善于分析、理解力强、有洞察力的人。

精力浪费处：总是处于思考状态，而很少付出实际行动。所以总是在做了大量收集分析之后，又将计划束之高阁，不付出行动。这样的行为对人类社会毫无贡献，他们穷尽一生研究学问，最后却无法将智慧结晶运用到实际之中，完全是一种浪费。

性格形成的可能性原因：大多数在童年时期没有从父母或长辈那里得到稳定的感情，他们渴望得到关爱和安全感，在长期得不到的情况下，他们的内心开始害怕，为了更好地生存，他们研究如何跟坏境妥协，所以大量收集资料；碰到困难会说我有智慧。逃避空虚，守住知识，思考重于行动；就像吸尘器一样有多少资料就吸收多少，生怕自己知道得不够多；不敢公开发表自己的想法；内心就如同一座守卫森严的城堡，城堡的主人很少离开，总是躲在城堡的高墙后观看外面的人；害怕自己受到侵犯，害怕城堡的墙上出现裂缝，自己的秘密被偷走。

于是，他们选择的防御策略就是撤退，尽量减少与别人接触，并且尽量保护自己的私人空间。

"我总是怀疑别人对我有敌意"——怀疑论者

角色定位：怀疑论者（忠诚型）。

最关注的问题：我怎样才能避免危机、化解风险？

主要特征：做事十分小心，不轻易相信他人，总是疑虑重重；喜欢群体生活，帮助他人时尽心尽力；如果被人注视则感到不安；满足于现状，对新环境的适应性很差。

对自己的要求：团体意识很强，喜欢与他人保持亲密，喜欢得到他人喜爱、接纳及得到安全的保障；希望有一个和谐的、忠诚的、遵守规律的团体，团体之间彼此相互支持。

习惯性行为：对时间安排得很紧凑，生活很有规律。讨厌不负责任的人；十分注重团体纪律，若有人不遵守，会严厉指责别人；相信权威人士，对自己崇拜的权威人士十分忠心。在需要做决定的时候，很依赖别人的意见，在未决定之前，内心会感到十分焦虑，常会产生愤怒的情绪。

人际关系：之所以表现得忠诚，是因为他们内心害怕，对很多事情都充满忧虑；由于害怕做错决定，所以在做决定的时候，他们大都显得很犹疑。安全感对他们都很重要，当他们遇到新的环境和事物时，会产生恐慌的心理；由于这种恐慌心理，凡事都会做最坏的打算；比较悲观，遇到自己难以解决的事情会选择逃避；常充满矛盾，希望寻求权威的庇护，渴望别人喜欢，但又怀疑别人；期望公平，要求付出和所得是相匹配的；会常常提防别人陷害和利用，所以常和他人保持一种安全距离，因此别人也觉得自己不容易相处。

性格倾向：内向、主动、保守、忠诚；关注潜在的伤害、危险、威胁；积极想象；放大危险、灾害；质疑并反向思维；延迟是因为担心成果不安全；不会轻易相信别人，但内心深处希望得到别人的欣赏和肯定；经常犹豫不决，对事情通常想的太认真，很在意配偶及伙伴的想法；常问自己是否有做错事，因为害怕错误而被责备；是一个忠诚、值得信赖、勤奋的人。

浪费精力处：比较勤奋，工作也很努力，但由于自己总有不安全感和焦虑的心理，他们大多将精力都浪费在对人的多疑上，以及避免不犯错、不得罪别人、不被责罚上。

性格形成的可能性原因：大多在童年时期，常受到长辈或身边的人责罚和羞辱，尤其是父母对待孩子的态度反复无常，这直接导致他们对别人缺乏信任感，总感觉自己找不到安全的藏身之地；比较认同那些有权威的人，因为当他们追随权威人士时，会得到权威人士的称赞及喜爱，由于他们的忠心而被人爱护，所以他们学会取悦权威而获得稳定安全。

"不享乐，人生还有什么意义"——享乐主义者

角色定位：享乐主义者（享乐型）。

最关注的问题：我如何才能给自己和他人带来更多的欢乐？

主要特征：对一切都持乐观态度，追求新鲜感，赶潮流。逃避压力和困难，害怕产生负面情绪，是一个急性子的人。

对自己的要求：希望过快乐的生活，想要不断创新，给自己和他人带来更多快乐，享受生活中的快乐，希望把人间的不美好都化为乌有。

习惯性行为：喜欢投入到快乐和兴奋的情绪中，所以不断地去寻找和创造快乐，喜欢刺激，纵情于娱乐，喜欢享受优越的物质生活，会用一切方式来满足自己的享乐需求；很会心疼自己，不喜欢过刻板的生活；如果感到劳累，一定会用物质安抚自己，让自己吃好、喝好、快乐一些。总是幻想很多计划，并会立刻付诸行动，但往往在冲动过后，留下残局由别人来收场。

人际关系：精力充沛，神采飞扬，乐观的性格很容易感染他人，容易为大家接受；这种没有压迫感的个性令人际关系保持和谐。

性格倾向：典型的乐观主义者，性格外向，活泼，贪玩；对未来的一切可能都十分关注；喜欢探索创新，喜欢自由选择；不喜欢刻板教条式的生活，不想受到约束；一旦有事情引起他们的兴趣，他们会全身心投入其中；不擅长处理烦琐和细节的工作；贪图享受，认为享受的过程比结果更重要。遇事善于变通，勇于尝试，具有冒险精神；崇尚自由，喜欢我行我素，只要是自己喜欢的就会去做；讨厌无聊的生活和工作，喜欢结交很多朋友，每天活动都安排得满满的。

相比稳定和依赖的关系，他们更喜欢刺激和紧张的关系。他们很少用心体会他人的感受，所以很难了解别人的内心世界。喜欢旅行、上餐厅、玩乐或聚集朋友一起谈天说地。总体来说，享乐型的人是热心、积极、快乐、正能量的人。

浪费精力处：对能满足口腹之欲、身体享乐和精神享乐的事都来者不拒，就算是筋疲力尽，遇到欢乐的事，依然能立刻重燃热情；精力、体力和时间就这样被浪费在享乐上，很少去做有目标、有计划的行动。

性格形成的可能性原因：大多在童年时期曾经拥有十分快乐和安逸的生活，享受着欢乐与愉悦，由于某种原因突然使这种享乐的生活发生改变，将他们从幸福的美梦中唤醒；在受到这种打击之后感到沮丧，在以后的生活中遇到快乐就会抓住不放，因为他们害怕再次失去快乐。

"我要掌控一切可以掌控的"——指导者

角色定位：指导者（领导型）。

最关注的问题：我如何才能让自己拥有更强大的能力？

主要特征：追求权力和实力，十分自主，不依靠他人，有正义感；相信自己的决心和毅力，但忍耐力却较差，易产生暴躁情绪。

对自己的要求：希望对社会有所贡献，也希望得到他人的肯定，以及得到身边人的爱戴和尊敬；希望自己能独立自主、依照自己的能力做事情，运用自己强大的自信和意志力战胜环境，助强扶弱，主持公平和正义。

习惯性行为：对挑战与成功的体验极其享受；喜欢帮助他人，但这种帮助会让人产生一种压迫感；讨厌拖泥带水，做任何事情都喜欢干净利落；看重家庭及家庭成员，在家里会表现得十分包容和忠诚；为了达成自己的目标，愿意付出很大的代价；当他们发脾气的时候，会让周围的人害怕，有种惹不起的感觉。

人际关系：由于领导型的人不愿受人所控，并且具备一定的支配力，所以是团队中很有潜质的领袖人物；由于领导型的人好胜心强，会让人感觉到他们具有攻击性，从而让人产生压迫感。

性格倾向：性格乐观、外向，在人际交往中较主动，爱冲动，有正义感；关注权力，控制欲强，喜欢独断总是活力十足，讨厌虚伪的人，喜欢冒险；在愤怒的时候，一般会直接爆发出来，硬碰硬，不会迂回。固执己见，很难听从别人的意见；认为"强权就是公理"，会让人觉得专横霸道。他们喜欢被别人尊重。

在处理矛盾或纠纷时，通常会站在较弱势或不利的一方。他们会维护自己的家人、朋友及下属。他们意志力坚强，对自己充满信心，相信自己能战胜一切困难和挑战。很少求助于他人，认为求人不如求己，所以会想方设法使自己变得更有能力。在家庭中会是一个负责任的好丈夫或好妻子。

总体来说，领导型的人是一个勇敢、自信、负责任和雷厉风行的人。

浪费精力处：精力十分充沛，奋力地挑战生活中的困难；表面看，他们舍不得浪费精力在无用的事情上，事实上却常常为了一件事情耗尽精力，疲惫不堪却仍不知休息。

性格形成的可能性原因：在童年时没有得到希望的爱与关怀，却学到必须强烈坚持自己的意见，才会得到大人的反应，因此开始发展自己的能力，并勇于发表自己的看法；由于能力上的表现也渐渐得到大人的肯定，因而更强化了发展能力的需求，进而变成只相信自己的能力，不会求助于人。

"愿世界和平，没有冲突"——调停者

角色定位：调停者（和平型）。

最关注的问题：我能否化解将要发生的冲突？

主要特征：一般都比较内向，遇到事情乐于做旁观者，属悲观类型；走路缓慢，带着微笑。大多安于现状，不喜欢改变；在决定一件事情的时候需要花费很长的时间；对他人的要求难以拒绝。

对自己的要求：与世无争，渴望人人能和平共处；不希望生活有争吵、冲突和不愉快的事情发生，希望一切幸福美满；会先让自己保持平稳、平静，他们认为这样才不会惹人生气，发生不愉快的事情；有时候为了避免冲突，他们可以压抑自己的情绪，只要生活一切太平就好。

习惯性行为：动作慢，做事常拖拖拉拉；当需要做选择时，往往犹豫不决；很会倾听别人，极富同理心，是一个很好的倾诉对象；不会背后传话，打小报告；做错事时，会找借口为自己开脱，好让自己心里少一些自责。

人际关系：在社交方面十分稳定，交友甚广，因为他是所有性格类型中最温和的一类，是最好的聆听者；在公共场合总是面带微笑，举止优雅；如果实在需要参与讨论的话，也会表现得十分幽默和机智。

和平型的人对人十分随和，心地善良，不愿意给任何人带来麻烦。他们平静地生活，极具耐心，很少发怒，所以他们人缘非常好，生活也十分和谐。

性格倾向：性格一般较内向、乐观、随和；时刻倾听他人的抱怨且对别人的要求很难拒绝。不热衷于名誉及地位；很少要求别人，但当别人命令自己时，会反感和变得倔强；追求和平，喜欢调和，怕起冲突。

精力浪费处：总是在配合别人，成全别人；总是在认同别人，却忽略了自己的真实需求，自己的个性得不到发展。

性格形成的可能性原因：和平型的人在童年时期，能感受到父母、长辈、老师和身边的人都很疼爱自己；但是，他们也能感觉到父母、长辈、老师和身边的人对自己并不重视，因为自己只是一个很平凡、没有什么特殊之处的人，没什么值得他人关注的地方；他们觉得自己的想法和需求，父母从来没有认真对待过；时间久了，他们习惯了这种方式，也学会了坦然接受；长大后他们在每一个环境中，总是认同别人，以得到和谐、平静的生活。

第四章

性格决定命运
——成功的人必定有好品质

有什么样的性格，就有什么样的命运。好的性格特质能够为自己带来好人缘，进而为自己带来更多机遇，自己也就更容易走向成功。也就是说，要想成功，我们就要修炼成功必备的几项好品质。

勇敢：不要给自己的人生设限

忠诚型的人很希望生活是有规律的，他们做任何事情都会遵循规矩，是一个规规矩矩的"老实人"。但"老实人"在现代社会，可能暗示着某个人缺乏探索的勇气。勇气是一种精神，只有具有健康心态的人才有勇气。"老实人"总是害怕跌倒，因此永远跑不快。对于忠诚型的人来说，最需要的是寻求创新，敢于突破。

有一匹马，有一次不小心闯进了沙漠腹地。当它发现自己在沙漠中迷失方向时，心里很焦急。怎么办呢？这时候马面临着三个选择。

一是继续向前走，以最快速度找到出路。但是沙漠很大，环境又恶劣，马的体力又有限，这种办法的存活率只有1%。

二是及时刹车回转，凭着马蹄印寻回来时的路，但有一种可能，部分马蹄印已被风沙掩埋，恐怕会迷路，这种方法的存活率达50%。

三是暂时停下来休整，找点能吃的沙漠植物，补充恢复好体力后向四周找过路的伙伴。实际上，既然你迷路陷入困境之中，想必也有同类一不小心处于与你一样的窘境。只要马坚信有同样处境的伙伴路过此地，就一定有求生的希望。这种方法的存活率达90%以上。

后来马采取了第三种方法，终于，从不远处传来了"沙漠之舟"骆驼的铃铛声。马终于在一队骆驼的带领下走出了沙漠。

马能走出沙漠就是因为突破了常规思路，寻找新的同伴走新的路线。忠诚型的人也应该如此，当你陷入困境时，问问自己：我求变、求新、求异了吗？我提升自己的能力了吗？改变、创新、求异是成功的三部曲。

许多做大事的人，在他们心中或许并没有明确的目标，相反目标可能会经常改变，他们不断地去尝试新的事物，大胆接受新的信息，直到对自己所做的选择有把握为止。

有成功潜质的人，永远在不断地改善自己的行为、态度，他们总是希望更有活力，总是希望产生更大的行动力。

很多时候，忠诚型的人不敢下水游泳，不敢在课堂上提问，不敢上台讲演，等等。这种种不敢，其实都是自己给自己设下的无形的障碍。也止是这种无形障碍，使他们裹足不前，错过了许多他们本来应该去做，而且能够做好的事。要记住，在尝试新事物的过程中肯定有输有赢，但如果什么都不敢去做，那就是自动投降，就会一输到底。

自信：哪怕逆风飞翔，也要相信自己

在生活中，我们经常可以看到这样一种现象：同是一辈人，有的成为企业领导，有的成为普通的劳动者；相似的家庭生活环境，有的事业辉煌、声名远扬，有的一生都穷困潦倒；同在一个单位工作，有的很快得到晋升、事业有成，有的还在原地踏步……仔细分析其中的原因，除了能力、机会之外，还有一个非常重要的因素——自信。

自信是一种积极的心理状态和可贵的进取精神，赋予人成功的力量，能在荆棘中开辟一条坦荡之路，在暴风雨中固守一片鲜花胜地。

卡丝·黛莉颇有音乐天赋，然而她却长了一口龅牙。第一次上台演出的时候，为了掩饰自己的缺陷，她一直想方设法把上唇向下撇着，以便盖住突出的门牙，结果她的表情看起来十分好笑。她下台后，一位观众对她说："我看了你的表演，知道你想掩饰什么。其实这又有什么呢？龅牙并不可怕，尽管张开你的嘴好了，只要你自己不引以为耻，投入地表演，观众就会喜欢你。"

卡丝·黛莉接受了这个人的建议，不再去想自己的牙齿。从那以后，她关心的只是听众，她张大了嘴巴尽情地歌唱，最后成为一名非常优秀的歌手。一口龅牙并没有给她带来任何不良影响，反而还成了她形象的一大特色。人们接受甚至喜欢上了她的龅牙，就像喜欢她的歌声一样。从某种意义上说，外露的牙齿和她的歌声一起，才构成了一个完整的卡丝·黛莉。

法国大文豪维克多·雨果这样说过："应该相信，自己是生活的战胜者。"这就是告诉人们要对自己抱有信心，相信自己的天赋与才能，坚信独一无二的自己。如果没有自信，只会羡慕、崇拜别人，那就会在别人的光芒下失去自己。

在现实生活中，自信有一股神奇的魔力，它可以使弱者变强、使强者更强。有人说，自信来源于成功的暗示，例如某项创新一旦成功了，这个人就会自信。然而，此话虽不无道理，却仍未道出自信的根本。和平型的人在做某件事，尤其是在担当重任或大胆创新的时候，一定要充满自信，而不是只有在成功之后才能自信。

谦和：一意孤行的人注定要栽跟头

中国有句俗语："良药苦口利于病，忠言逆耳利于行"。虚心听取别人的意见总是对自己有帮助的，毕竟，金无足赤，人无完人。人生之路如此漫长，总会遇到一些小挫折、小坎坷，这个时候，光靠自信是远远不够的，必须多听取别人的意见，吸取别人的经验教训，这样才能更好地克服重重困难。

罗斯福任美国总统期间，总喜欢听取相关人士的意见。当他去打猎的时候，他会请教一位猎人，而不是请教身边的政治家。反之，当他讨论政治问题的时候，他也绝不会去和猎人商议。

有一次，他和一个牧场工头外出打猎，他看见前面来了一群野鸭，便追过去，举起枪来准备射击。但这时那个工头早已看见不远的地方还躲着一头狮子，忙举手示意罗斯福不要动，罗斯福眼看野鸭就要到手，就没有理睬他的示意。结果，狮子听到枪声后跳了出来，窜到了别处。等到罗斯福瞧见，赶紧把枪口移向狮子时，已经来不及了，只好眼睁睁地看着它逃跑了。牧场工头瞪着眼睛，向他大发脾气，骂他是个傻瓜、冒失鬼，最后还说："当我举手示意的时候，就是叫你不要动，你连这点规矩都不懂吗？"

面对牧场工头的责骂，罗斯福竟然"逆来顺受"，并且以后在打猎时也毫不怀疑地处处对工头服从，好像小学生对待老师一般。他深知，在打猎问题上，对方确实高他一筹，因此，对方的指教于他确是有益处的。

成就型的人要学会听取别人意见，请教别人，不要在乎对方的身份高低，要对事不对人，只要是好的意见，就应该虚心接受。古语"兼听则明，偏听则暗"，说的就是这个道理。如果唐太宗没有听取魏徵的谏言，对自己进行批评，怎么可能出现"贞观之治"的繁盛景象；如果达·芬奇没有听取老师的批评和建议，怎么可能成为世界著名画家……

成就型的人在相信自己的同时，也不妨多听取别人的意见。相信自己是成功的前提，听取别人的意见也是走向成功必不可少的条件。

所谓"相信自己"并不是指不切实际地夸大自己的力量，而是站在事实的基础上相信自己，那才是正确的相信自己。同样，"听取别人的意见"不是指一味地盲从，不加选择地听取，也不是人云亦云，而是择其善者而从之。

所以，成就型的人遇事要多与他人商量，要善于听取他人的意见。做到这些，你才能和他人更好地合作，而不会因为一意孤行使自己的发展受到限制。

责任感：不为失败找借口，只为成功找方法

犯错误之后，每个人都会感到很沮丧，这是犯错误的第一个表现，但是从沮丧当中会发现一个真实的自我。在沮丧的一刹那，会展示性格中的一部分。

避免或逃脱责罚是人类的一种强烈本能。但大多数享乐型的人在"有利"与"不利"两种形势的抉择中都会选择趋"吉"避"凶"。通过各种"免罪"行为，享乐型的人可以暂时逃脱责罚，保持良好的自身形象。但如果你只愿意接受表扬而不愿承担责任，那么你永远也别指望改正自身的错误之处。

哈维是一名在纽约经营旅馆业的生意人。19世纪30年代，美国保险业正处于上升时期，是很有前途的朝阳产业。哈维意识到开一家保险公司会很有发展，但他自己没有足够的资金，于是就和另外三个生意场上的朋友共同出资，以股份制的形式成立了一家小型保险公司，是专门为火灾进行承保的。公司成立之后，几个人便分头通过各种途径找客户，经过一段时间的艰苦努力，终于使一部分客户向他们投保，公司经营开始走向稳定。

然而，就在他们打算扩大规模的时候，一件意想不到的事发生了。1835年冬天的一个下午，纽约发生了一场特大火灾，其中一个街区的商务大厦被焚，在里面办公的100多家公司被烧毁，损失惨重。更不幸的是，这个大厦里面受灾的公司有80%是他们公司的客户，刚刚向他们公司投了火险保金。因此，按照法律规定，他们公司要向这些受损的保户支付巨额的赔付金，还没有赚到钱就先赔款，这对于一个刚刚成立的保险公司来说，是一个致命的打击。

另外三个合伙人都慌了，他们聚在办公室里开会商量办法，有一个人提出向法院申请破产，这样就能少赔一些，但后果是公司也不能再经营下去了；另两个人提出撤股。哈维静静地听他们说着，等他们都讲完了，他说："我不同意走破产程序，如果你们三位想要退出的话，我可以收购你们所持的股份。"这正是另外三个人求之不得的结果，他们三人立即表示同意，很快办理了股份转让手续，这样，这家股份制公司就变成了哈维的独资公司。

哈维接手公司后，第一步先派几个工作人员亲自上门访问受灾客户，统计损失，并核算应该赔付的金额，三天后，工作人员将统计数据上报。哈维一看，是一笔不小的数目。他把自己这些年的所有积蓄都拿出来，还差一部分钱，他便把自己经营了多年的旅馆转让了出去，打算用这笔钱来赔偿客户的损失。报社知道了他的这一举动，便对他进行了专访。记者问他为什么不选择破产，而要倾家荡产来赔付客户的损失，他回答说："既然当初收了客户的保金，就要对客户负责，而且无论怎么困难也要想方设法兑现承诺，不能逃避责任。"报社用专版对他的这一举动进行了报道，他因此受到了社会各界的称赞。

一周以后，他凑齐了所要赔付的资金，便在遭受火灾的那个大厦楼前的广场上现场办公。所有受损失的保户，都得到通知前来领取赔偿金，各家新闻单位也纷纷到现场进行采访，给予了报道。

付完赔偿金以后，他手头就没有什么钱了，但不久，就有很多人主动找上门来，要求在他的公司投保。这些人不仅限于纽约的，还有其他各个州的，而且范围越来越大。一年以后，美国各个州都有了他的客户，他的公司业务量大增，三年后就由一个小型保险公司一跃而跻身美国保险业的前四名。之所以如此，是因为在那次火灾事故中，他的诚信让人们对他产生了安全感，树立起了良好的商业形象。更重要的是，通过那次大张旗鼓的赔付行为，原本名不见经传的小公司一下子声名远播，成了美国人尽皆知的著名公司。

如果你善于寻找借口，那么试着将寻找借口的创造力用于寻找解决问题的方法上，情形也许会大为不同。

那些实现自己的目标取得成功的人，并非有着超凡的能力，而是有着超凡的心态。他们能积极抓住机遇，创造机遇，而不是一遭遇困境就退避三舍、寻找借口。享乐型的人如果想取得成功，就必须停止把问题归咎于他人和自己周围的环境，要勇于承担自己的责任。一旦自己做出选择，就必须尽最大的努力把事情做好。

执行力：思考之后行动，不如在行动中思考

自我型的人充满想象力，却很少把想象付诸行动。俗话说："一分耕耘，一分收获。"只有积极行动，才能提高人生的效率，提高人生能力；只有积极行动，才能战胜人生中的各种困难，实现自己的目的；只有积极行动，才能真正认识和感悟人生，获得人生的智慧；只有积极行动，才能抓住人生发展机遇，使自己的人生达到新的高度。

自我型的人要知道，世界上绝对没有不劳而获的事情。成功的人无一不是脚踏实地努力行动的结果。不积极行动、不想行动、不愿意付出努力，终将一事无成。

自己的人生路必须自己去走，必须要付诸实际的行动。人生不仅需要理想、需要智慧，还需要积极付诸实践。人生中的各种实际问题也只有通过自己的实际行动才能得到解决。人生是短暂的，要在有限的时间里实现自己的人生理想，就必须立刻行动，不能把自己的目标和理想停留在口号上。

洛夫·罗勃兹是世界头号房地产销售狂人，全球推销员的典范，被美国报刊称为国际销售界的传奇冠军。在美国，一个顶尖的业务员一年成交量差不多为50件，而洛夫·罗勃兹一年可成交差不多600件，这个数字是一般人的50倍左右。

有记者采访洛夫·罗勃兹，问道："请问您成功的秘诀到底是什么？"

他说："马上行动！"

"当您遇到困难的时候，请问您都是如何处理的？"

他说："马上行动！"

"当您遇到挫折的时候，您要如何克服？"

他说："马上行动！"

"当您遇到瓶颈的时候，您要如何突破？"

他说："马上行动！"

"假如您要分享您的成功秘诀给全世界每一个人，那您要告诉他们什么？"

他说："马上行动！"

洛夫·罗勃兹告诉每个人尤其是自我型的人，收起你那些不切实际的幻想，现在就行动，成功从来不需要过多的幻想。

正如人们所言："行动不一定就带来快乐，但没有行动则肯定没有快乐！"

俗话说"一百次心动不如一次行动"，因为行动是一个敢于改变自我、拯救自我的标志，是一个人能力有多大的证明。美国著名成功学大师杰弗逊说："一次行动足以显示一个人的弱点和优点是什么，能够及时提醒此人找到人生的突破口。"毫无疑问，那些成大事者都是勤于行动和巧妙行动的大师。在人生的道路上，我们需要做的是，用行动来证明和兑现曾经心动过的事情。

曾经有一位65岁的老人从纽约步行到了佛罗里达州的迈阿密市。经过长途跋涉，克服了重重困难，他到达了迈阿密市。在那里，有几位记者采访了他。他们想知道，这路途中的艰难是否曾经吓倒过他，他是如何鼓起勇气，徒步旅行的。

"走一步路是不需要勇气的，"老人答道，"我所做的就是这样。我先走了一步，接着再走一步，然后再走一步，最后我就到了这里。"

自我型的人，也许你早已经为自己的未来勾画了一幅美好的蓝图，但是它同时也给你带来了烦恼，你感到自己迟迟不能将计划付诸实施，你总是在寻找更好的机会，或者常常对自己说"留着明天再做"。这些做法将极大地影响你的做事效率。因此，要获得成功，必须立刻开始行动。任何一个伟大的计划，如果不去行动，就像只有设计图纸而没有盖起来的房子一样，只能是空中楼阁。

目标再伟大，如果不去落实，永远只能是空想。成功在于意念，更在于行动。制定目标是为了达到目标，目标制定好之后，就要付诸行动去实现它。如果不化目标为行动，那么所制定的目标就成了毫无意义的东西。

共情力：换位思考更能赢得别人的尊重

领导型的人总是习惯从自身的角度、立场去看问题，他们考虑问题很容易以自我为中心。而很多时候犯错往往也是因为他们只从自己的角度思考问题。为了避免这样的错误，领导型的人应该学会换位思考，并在此基础上调整行为方式。换位思考就是完全转换到对方的角度思考，从而更理解人、宽容人。它要求我们在观察处理问题、做思想工作的过程中，把自己摆放在对方的角度，对事物进行再认识、再把握，以便得到更准确的判断。

春秋战国时代，燕国有个叫赵礼的人，他有一块在路边的田。因为靠他田边的这段路比较低洼，下了雨就会积水，道路泥泞，难以行走，过路人只好踏着他的田走过去，这使赵礼非常生气。

于是赵礼在田头上插了一个"禁止通行，违者罚银两"的牌子。但行路人似乎视而不见，依然从他的田地里穿行。

后来，赵礼一气之下，便在低洼路面和田地中间挖了一条让人跨不过去的沟。没想到，这不仅没有拦住行人踩地，反而行人由于要绕大弯子而踩踏了更大面积的田地。

赵礼很无奈，并且常常为此与行人争吵不休，将自己气得寝食不安。过了些日子，他的心慢慢地平静了下来，开始了换位思考，觉得行人总是要走这条路的，谁也不愿意走泥泞小道，如果把这条低洼的路修好，行人不就不从田里过了吗？

于是，他排除了路面上的积水，挑土填平了低洼路面，修了一条平坦的小路。从那以后，行人再也不踩他的田了。

再看下面这个故事：

古时候，有位县太爷邀请了一位驸马和一位员外一起饮酒作诗。酒过三巡，下起了鹅毛大雪，屋外白茫茫一片。县太爷看到此情此景诗兴大发，提议以"瑞雪"为题，三人吟诗作对。

驸马举双手赞同，随口说了第一句："白雪纷纷落地。"

县太爷一听，觉得十分简单，也对了一句："此乃皇家瑞气。"

员外本身就不是什么文化人，但也装模作样吟道："再来一年何妨？"

话音刚落，窗外传来一个愤怒的声音："一派胡言！"

原来，窗外有一个乞丐，正冻得瑟瑟发抖呢。

这个简短而搞笑的故事正说明了一个浅显的道理：人的处境不同，心理反应也就有所不同。在生活中，如果想与别人建立良好的关系，就要学会换位思考，体谅别人，这样才能得到别人的尊重。否则，就会像上面的故事一样，发生误解、冲突甚至对抗。

自我中心观人人都有，但是领导型的人更为严重，他们往往无法接受别人的意见，无法理解别人和自己不一致的地方。他们不懂得除了自己的观点之外，还有别人的观点。他们说话往往会伤害别人的自尊，他们做事总是一味从自己的利益出发。这虽然在短时间里维护了自己的利益，但是通常会失去别人的尊重。

领导型的人要学会换位思考，只有你的心能够装得下别人，别人心里才能容得下你。

第五章

性格与职业

——匹配的才是最好的

　　人的性格本无好坏之分，但是对于职业来说，却有着一定的匹配度的关联。职业选择与性格是否匹配，怎样完善自己的职业性格是每一个身处职场的人需要考虑的问题。只有处理好这两个问题，才能让自己在职场上立于不败之地。

"二八法则"：世界上没有绝对的完美

1897年，意大利经济学者帕累托偶然注意到当时英国人的财富和收益模式。在调查取样中，他发现大部分的财富流向了少数人手里。同时，他还从早期的资料中发现，在其他的国家中这种微妙关系一再出现，而且在数学上呈现出一种稳定的关系。于是，帕累托从大量具体的事实中发现：社会上20%的人占有80%的社会财富，即财富在人口中的分配是不平衡的。这就是著名的"二八法则"。

有一位成功的推销员在一次演讲中讲述了自己的故事："很多年前，我刚开始做推销保险时，对工作充满了热情。后来，发生了一件事，让我觉得很气馁，开始看不起自己的职业并打算辞职。但在辞职前，我想弄明白到底是什么原因让我业绩不佳。我先问自己：'问题到底是什么？'我拜访过那么多人，成绩却一般。我和顾客谈得好好的，可是到最后准备成交时他们却对我说：'我再考虑一下吧！'于是我又得再花时间找他，说不定他还改变了主意。这让我觉得很颓丧。我接着问自己：'有什么解决办法吗？'在回答之前，我拿出过去12个月的工作记录详细研究。上面的数字让我很吃惊：我所卖的保险有70%是在首次见面时成交的；另外有23%是在第二次见面时成交的；只有7%是在第三、第四、第五次见面时才成交的，而我竟把一半的工作时间都浪费在了这上面。这个发现让我激动不已，也燃起了我创造佳绩的激情，于是也就把辞职的事抛到了九霄云外。接下来我立刻停止第三、第四、第五次拜访，把空出的时间用于寻找新顾客。执行结果令我大吃一惊，在很短的时间内，我的业绩上升了一倍。"

这就是了解并运用"二八法则"后带来的改变。案例中的推销员发现自己的精力和时间都浪费在效益并不明显的7%上，所以业绩并不突出，在"二八法则"的影响下，他立即改变了工作方法，用大部分时间和精力寻找为他带来80%的工作收益的新客户。

现代人要做的事实在太多，要事事都做到完美，恐怕是不现实的。想想"二八法则"吧，将你的精力放在最重要的20%的事情上，把这20%做完美，你的回报就已经非常高了。况且，做到局部完美总比为了获得不可能的全部完美而牺牲了全部的精力显得更有效益，而且这20%的完美你确实能做到。

我们做事情不要将所有的精力分散到每一件事情上，应该看准最重要的事，然后集中精力埋头苦干，最后一定会给自己带来最大的效益。

如果你的愿望是成为一个众望所归的领袖或一个才识渊博、无人比拟的人物，或一个在某方面顶尖的专家，那么就必须大胆地拿起剪刀，剪掉那些细微平凡、不能产生高价值的想法。即便这些想法能够产生效益，但是如果需要你付出80％的精力，却只能产生20％甚至更少的收益，就要当机立断、忍痛牺牲。因为"二八法则"提醒我们，一个人不可能做好所有的事情，如果事事都想做到完美，结果往往是一事无成。

总之，别再苛求自己，按照"二八法则"，你也可以获得20％的完美。

墨守成规，很难实现想要的成功

生活中，忠诚型的人一味听命于权威，无论做什么事情都会墨守成规，生怕犯下一丁点儿错误。

有一位哲学家曾经说过一段极富哲理的话："有的门是推开的，有的门是拉开的，如果你拼命地去推那扇应该拉开的门，除非你将门毁坏，否则你将无法通过它。墨守成规在某些时刻固然能解决问题，但是事情是不断变化的，只有顺应时势的变化，才能做出明智的抉择。"

一位老板在自己年老的时候，准备把公司交给儿子打理，但两个儿子中他不知道要交给哪个。他想起了自己白手起家的青年时代，忽然灵机一动，决定试试他们的能力，看哪个更适合。

于是，他叫来两个儿子，分别给了他们一大串钥匙说："我在工地的仓库存放了一个木箱，你们去把箱子打开，并把里面的东西拿出来给我，谁先拿来，谁就接替我管理公司。"老板说完，两个儿子就急忙赶往工地，由于他们一起出发并坐同样的车子，所以他们到达工地的时间几乎一样，当他们走进仓库时，也同时看到了那个破旧的木箱。

面对紧锁的箱子，两个人都犯愁了。哥哥左试右试，苦于无法从那一大串钥匙中找到需要的钥匙；弟弟则苦于没有钥匙，因为他刚才光顾着赶路，钥匙不知什么时候掉在了路上。

两个人急得满头大汗，突然，弟弟看到箱子不远处有一把榔头，他一拍脑门，有了办法，拿起榔头几下子就把锁砸了，顺利地拿到了箱子里的东西。父亲事业的继承权，自然落到了弟弟手里。

现代生活飞速发展，职场变幻莫测，一味地墨守成规只会成为企业或个人发展的绊脚石。忠诚型的人要坚持原则，同样也要学会顺应时势，才能实现发展的飞跃，否则将永远无法实现目标和理想。

只有灵活应变，不断创新，不断超越同行、超越自我，才有竞争力，才能在机遇与风险当中使自己立于不败之地。反之，懒于创新、墨守成规者，不是事业做不大，就是惨遭淘汰。

在如今这个经济不断发展、竞争日益激烈的时代，那些昔日的辉煌与陈旧的规定，已经不适应时代的进步了。忠诚型的人只有学会灵活应变，懂得创新，勤于思考才能跟上时代的脚步。创新不需要天才，创新只需要思考出新的改进方法。任何事情的成功，都是因为能找出把事情做得更好的办法。

事必躬亲的领导不一定是好领导

很多企业的领导总是感叹有时会出现难以集中精力和时间来思考和处理计划内的事，常忙于临时事务的情况。从领导者角度来讲，他们确实因为需要处理很多事情而忙碌，很多领导整天忙得不可开交，有的甚至以忙为荣。之所以会出现这样的情况，是领导者苛求完美，以至于不愿授权所造成的。

许多完美型的领导，喜欢大权独揽，小权不放，动辄"一竿子到底"，结果只能被动应付，捉襟见肘，事情反而没有起色。相反，一些善于授权的领导，由于"分身"有术，并不见"吃饭有人找，睡觉有人喊，走路有人拦"的忙乱景象，事业却一片红火。

完美型的领导在管理上事必躬亲，恰恰偏离了管理学的核心。一个优秀的领导不一定要在各个方面都比人强，而要具备调动下属积极性的才能。

三国时期的诸葛亮就是一位完美型领导。作为蜀汉丞相，军中事务，治国理财，他都一丝不苟，亲自过问，连惩罚士兵几十棍他都会经常去监督。每日起早摸黑，日理万机，把"鞠躬尽瘁"展现到了极致，终于因"食少事烦"、积劳成疾而心衰力竭，病倒在五丈原前线大营中。

诸葛亮的这种行为可以说大大遏制了蜀汉人才的成长。真正出色的领导者，绝非事必躬亲，而是知人善任，善于授权，特别是敢于起用比自己更优秀的人才。

作为完美型领导，要学会适当地授权，从而减轻自己的工作负担，从琐碎的事务中解脱出来，集中精力想大事、干大事，增强组织的凝聚力和战斗力，发挥下属的专长，建立团队精神等。

很多完美型的领导凡事亲力亲为，这不仅会造成工作效率低下，还会使下属产生消极情绪。领导事必躬亲，会让下属感到不被信任和重视，严重的可能会导致人才流失。在一个团队中，即使领导者再有才能，若不懂得适当授权给下属，其团队的战斗力也必将十分低下。那么，在工作中，完美型领导应如何适当授权呢？

1. 说明授权任务

领导要对被受权者说明授权范围和授权限制，明确任务目标、完成日期和验收标准，以及期望的成果，尽可能使目标量化。采取征询、启发的方式让下属参与目标制定，让下属自行安排完成任务的方式、方法和步骤。这样做可极大调动下属的工作积极性。

2. 指示相关人员配合

在授权时，要将调用相关人、财、物、信息的权利一同给予被授权者。要明白完成该项任务的条件是什么，涉及哪些部门和人员。此时，领导要向相关部门、人员下达通告，指示他们全力配合被授权者。

3. 传授工作要点

无论做哪一项工作，都有方法和技巧可循。作为管理人员，也许早已对这些方法驾轻就熟，但下属未必知道。领导在授权时，应面授机宜，将一些工作要领和诀窍传授给下属。

别让过度自恋毁了你的前途

成就型的人极具代表的性格就是自恋。他们往往会表现得骄傲、自满，喜欢和别人辩论并一定要取胜，会不合理地要求赞扬、特殊的优待，希望别人什么都顺着他，却从不设身处地为他人着想。假如别人比自己优秀，就会产生妒忌；别人不赞同自己的观点时，会以为别人在妒忌，认为自己只能被同自己一样特殊的人所理解。

心理学研究表明，自恋是一种自我陶醉和自我欣赏的情结，会过度关注自我，并且总是沉浸在自己不切实际的幻想中。

在职场上，有很多人因为自恋而毁掉前途。

吴菲在一家大型外企工作，平时工作比较繁忙和琐碎，但她工作十分认真，她希望获得领导的认可，能够早日升迁到自己满意的位置。但由于是知名企业，能力强的员工也非常多，尽管吴菲兢兢业业地干了3年，还是始终没有得到较大的升迁。

关于自己没有升职的原因，吴菲认为是因为自己的上司是个权力欲和控制欲都很强的人，喜欢独占功劳；而同事则嫉贤妒能，生怕自己得到升迁。

例如，每一次公司策划会上，吴菲都觉得自己提出的方案是最好的，但同事们却大多不愿赞同。更让吴菲不满的是，领导对自己没有一个明确的培训计划，更没有要提升自己能力的想法，也就是说，目前这份工作已经没什么前途了。这让各方面能力都不错的吴菲产生了"屈才"的感觉。

最后，吴菲终于无法忍受了，决定离开公司，而领导也没有深切挽留。但吴菲认为，在自己走后，领导肯定会十分后悔，会觉得离不开自己，因为只有自己才能把很多事情办得妥妥当当。上司当初没把自己当回事，现在一定是弄得一团糟吧？想到这些吴菲带着一脸自信的笑容离开了公司。

在职场中有很多成就型的人，他们总认为自己表现得非常好，在公司每天都很拼命地工作，总觉得自己这么优秀的人才，领导如果不提拔自己，一定是领导有问题。

成就型的人的这种心理，就是自恋心理在作祟。自恋的主要特征就是以自我为中心，在生活和工作中主要表现为不愿接受他人批评，自傲自满，对自己的才能夸大其词，强烈希望获得成功、权利和荣誉，喜欢指使他人，认为自己应该有特权，缺乏同情心，容易对他人产生嫉妒心理。

吴菲认为自己应该得到培训和提升，或许她本来有提升的可能，但却没有把握准自己的角色定位，她认为自己在公司的作用无比重要，离开自己，领导会很郁闷、倒霉……

在职场中，成就型的人大多以为自己做得很好，其实领导未必会认可，在很多时候，这些人的自我感觉要远远高于公司对他的实际评价。而且，表现好和升职之间也没有必然联系。

心理学研究称，每个人生来就很自恋，特别是在婴儿时期。此时，婴儿会天真地以为，自己就是整个世界，不知道还有"外面的世界"存在，这种状态也被称为"原始自恋"。随着长大后慢慢对世界的认知，大多数人都会改变这种观念。如果一个人总是活在这种自恋的满足之中，总是自以为是，就会出现自负的心理，随之而来的是现实中的不断受挫和失败。

自恋的心理是一种自我意识压倒潜意识的心理现象。自恋的人固守于一种狭隘、片面的主观意识，缺少与外部世界的联系，缺少客观理性的态度。

关于自恋心理，希腊有一个神话故事：

有一个俊美的青年，有一天在水中看到了自己的倒影，不可救药地爱上了自己，他每天在水边欣赏自己的影子，无法自拔。最终他跳进了水里，变成了一朵美丽的水仙花。

于是，在心理学上也有人用"水仙花"来称呼这种自恋心理强的人。

成就型的人过度自恋，总会把自己的想法与期望强加给未来，试图为自己的设计道路规划目标。而相应的，会产生不甘于生活现状的被遏制、反抗外在的压抑心情，无法适应新的工作和生活环境。所以，成就型的人应学会适当地消除自恋心理，以赶走在生活和工作中的这种坏心情。一般来说，消除自恋心理可以采用如下几招。

1. 学会谦虚

其实大多数的人都会有一点点自恋的心理。但是，少许自恋是一种自信，是对自己的肯定，是工作和社交心理的一种成熟表现。而过度自恋，就会发展为一种病态，所以在生活或工作中，要谦虚谨慎、戒骄戒躁。

2. 学会爱别人

成就型的人在生活中，要学会设身处地为他人着想，多一份爱心，尊重他人，真心实意地关心别人。如果能长期坚持下去，便能够从自恋心理的泥潭中走出来。

3. 解除以自我为中心的心理

自恋心理最明显的特征就是，在思想行为上总是以自我为中心，看不到其他人的存在。所以，成就型的人要时刻告诫自己，要学会去做自己应该做的事情，不要太过于在意别人的赞美之词。

4. 适时地沟通

也许你有表现好的方面。但是，很多时候上司或老板并不知道，所以你要与上司或老板适时地沟通，并不是每件事都要让上司或老板知道，但一定要与上司或老板沟通。这样不仅能从上司或老板那儿学到一些东西，同时还能让上司或老板知道你在做什么，而不是只有你自己知道。

职场拒绝"情绪化"

由于自我型的人具有过分自我的特点，许多时候自己不能获得身边人的认同，常被人批评任性、无纪律等。惯于遭人否定，会导致自我认同感降低，不信任自己，同时又觉得别人并不了解自己，这种累积的怨愤一旦爆发出来，便一发不可收拾。因此，自我型的人常有情绪化的表现。

情绪化，是一种过于敏感、过于偏执、缺少理性的思想表达方式，是一种消极思想情绪的表现，往往表现的是极端的自我。在这种情绪的支配下，很少顾及别人的感受和面子，严重以自我为中心，刻意要求别人，缺少理智地发泄自己的情绪，甚至表现得歇斯底里，严重时会造成很多不好的后果。

胡敏是一家外资企业的高级职员，她虽然有着很强的工作能力，但胡敏过于情绪化的性格，使她在职场中遭遇了挫折。前不久，单位提拔了一个热情大方、率直自然、很受同事欢迎的女同事。这让胡敏感到很气恼，平时领导对自己总是视而不见。只是一个劲地鼓励她好好工作，而好机会却总轮不到她。

胡敏愤愤不平地跑到领导的办公室去"质问"，并义正词严地与领导"理论"起来。虽然领导早已准备好了一系列冠冕堂皇的理由，可还是被胡敏搞得非常尴尬。从那以后，领导对胡敏的态度更是不冷不热，同事也很少跟她说话。胡敏很难受，怎么也想不通自己工作干了一大堆，领导安排的工作也能高标准地完成，可为什么总是费力不讨好呢？

胡敏就属于典型的自我型性格，她之所以得到这样的结果，主要是犯了职场中的大忌——情绪化。她碰到问题时不会冷静思考，只凭着感觉和情绪办事，只想干好工作，用业绩说话，在为人处事上太缺乏技巧，常常费力不讨好。胡敏也想让自己"老练"和"成熟"起来，然而一碰到让人恼火的事情，她就控制不住自己的情绪，尽管事后觉得后悔，但当时就是冷静不下来。

谁都会有愤怒、恐惧、害怕的时候。那些成功人士也会对自己的事业有种种担忧，但他们善于将这些情绪有效地加以利用，使它们有节制地发挥作用。他们的做法无非是这样几条。

1. 愤怒来临前做深呼吸

当你面临情绪愤怒时，不妨做深呼吸，这样有助于舒解压力，消除愤怒情绪。当你感到愤怒时，你的脉搏加速，呼吸也加快，而深呼吸可以迫使你减缓呼吸速率。

2. 不强求

一个成熟的人，应该勇于对自己做过的事情负责。对自己做过的事情，不要后悔，因为这是你自己的选择。这样的选择，是被当时的你所认可的，因此，你没有理由去后悔。不要总是想着也许我那样做就不会有这样的后果了。要知道，不要以同一个结果去比较不同的选择，也许另外一个选择导致的结果比现在还糟糕。既然选择了，就不要后悔。有些事只要自己努力去做了，收获自然水到渠成。不要总想着自己会得到什么样的结果，用心去欣赏自己努力的过程，那才是你最应该记住的。

3. 相信人是可以改变的

若想改变别人，需先试着改变自己。不要总是认为江山易改，本性难移。有时候，只要有信心，人是可以改变的。要用发展的眼光看待他人，尤其是对相爱的人，也许你无法容忍对方的一些毛病，如果你爱着对方，就给他机会让他去改变。但是，严格要求对方的同时，也要严格要求自己，对于自己的一些为对方所不能容忍的毛病，一样要加以改正。永远不要严以待人、宽以待己，这样做会让对方伤心、失望。

自我型的人的情绪易受到外界环境刺激，无论他们是在家庭生活中，还是在工作学习上，大到升迁、购房，小到刷锅、洗碗。当感到不愉快的时候，应该学会换个角度，用更理智的思维去认识客观事物，宽容自己，宽容他人，这样才可以避开情绪的雷鸣电闪或阴雨绵绵，在轻松愉快中感受生活的每一分钟。

急功近利，到不了想去的远方

享乐型的人是不甘于寂寞的，他们时时刻刻渴望得到快乐。急躁似乎是他们的通病，他们总是迫不及待地想要取得成功，不愿意沉下心来好好做一件事，更不愿意为一份工作付出时间和心血。他们一边感叹着"怀才不遇"，一边又鄙视自己所从事的工作，总梦想着成功的光环一下子罩在自己头上。

事实上，成功就像盖楼一样，只有基础打牢了，高楼才能拔地而起。古往今来，凡是成大事的人都耐得住寂寞。就像篮坛"大咖"姚明一样，如果他不能踏踏实实地从运球、传球、投球这些最基本的动作练起，又怎能成为灌篮高手，又怎能在世界篮坛都具有巨大影响力？

人世间没有一蹴而就的成功，成功最大的忌讳就是急功近利。任何人都只有通过不断的努力才能凝聚起改变自身命运的爆发力。

人生在世，寂寞是在所难免的，能不为寂寞所伤害，不在寂寞中消沉，学会走出寂寞，把生活调节得有滋有味，那一定是个幸福的人。寂寞只是一种心境，像一层薄薄的雾，拨开了就会发现，外面依然很热闹、很精彩，只需你走进去，投入其中，生活就会变得情趣盎然。

所以说，耐得住寂寞是一种心境、一种智慧、一种精神内涵，人的感情大抵最易麻醉，更需要我们耐得住寂寞。

做事不容易，做成大事更不容易。对于年轻人来说，谁不想"三十而立"，拥有自己的事业呢？但在创业的道路上，又有几个人耐得住寂寞呢？只有勇敢地面对寂寞的人，才有力量使自己的天赋和才智不被寂寞所吞噬，反而因磨炼变得越发强大。

360公司的创始人周鸿祎，以一个软件高手的身份离开方正独自创业，后又投身雅虎任中国区总裁，离职后拥资约5000万美元。在从事风险投资不久又回到起点，投资、创业两不误。周鸿祎一路走来，可以说是阅人无数，阅团队无数。他曾说：女人生第一个孩子需要10个月，难道生第二个孩子只用3个月就可以了吗？创业其实同生孩子一样，都需要时间，每次创业皆是如此，没有那么轻松的创业历程，创业要有"耐得住寂寞，经得起诱惑"的良好心态才行。

享乐型的人要明白，那些取得成就的人，最开始也和普通人一样是从小事做起的，只不过他们更能忍受得住平凡岗位上的寂寞。当然，忍耐并不是逆来顺受，也不是消极颓废，而是把难熬的寂寞、忧愤、艰辛强压在心底，不让它侵蚀自身的理智。而且忍耐只是一种形式，重要的是在忍耐中学会思考，在忍耐中坚持对事业的执着，这样的忍耐才有实际意义。

第六章

性格与社交

——拥有好性格，铸就好人缘

社交在人的一生中至关重要。但是不同
性格的人在社交中的表现也不同，即使同一性
格的人在社交中也会遇到各种各样的难题，这
就需要我们根据自己的性格，调整自己的社交
方式。

你的慷慨，或许是他的烦恼

助人型的人总是认为"好事要做到底"，以为自己全心全意为对方做事就会使彼此的关系融洽、密切。然而，事实并非如此，因为人不能一味接受别人的付出，否则心里会感到不平衡。"滴水之恩，当涌泉相报"，这也是为了使关系平衡的一种做法。如果好事一次做尽，使人感到无法回报或没有机会回报的时候，愧疚感就会让受惠的一方选择疏远。留有余地，好事不应一次做尽，是平衡人际关系的重要准则。

好友秦芳就属于助人型的人，她给我讲述了她前两天遇到的一件尴尬事。

秦芳在图书馆车站等车，车站人比较多。秦芳提着两大包刚从商场买的衣物，看到有位比自己年纪略大的大姐坐在长椅上休息，秦芳也在一边坐下了。过了一会儿，身旁的大姐对秦芳说"你能帮我换一下零钱吗？我准备坐车用。"她手里拿着一张10元在秦芳眼前晃了一下。秦芳打开钱包翻找，很遗憾钱包里只有3元钱。于是秦芳说："找不开。"随后秦芳抽出其中的1元钱递给她说："你用吧。"没想到这位大姐一下子就站了起来，并用奇怪的眼神盯着秦芳，一边躲一边坚决地说："不，不，我不要。"秦芳追了两步说："没事的，就1块钱而已。"大姐还是后退。秦芳又说："要不一会儿你等的车来了，我帮你刷一下卡就是了。"那位大姐更是急忙摆手，边拒绝边后退，从她脸上能看出她生气了。

这位大姐主动找秦芳，显然是需要帮助，而这个帮助仅限于秦芳能给她找开10元钱。可是秦芳想给她1元钱来帮她。在秦芳看来，这种帮助也是帮助，可是这位大姐却觉得超出了她设定的帮助范围，她认为这不是她所需要的帮助。

是不是因为在她看来这种帮助的性质起了什么变化？从她的断然拒绝和逐渐生气的面孔上来看，好像别人做了令她很不愉快的事情。在她看来，一旦接受了这个小小的举动会损失什么？答案是自尊。

对于初次见面的人来说，对彼此的表达方式非常陌生，而且一般都不会再有沟通的机会。有的人比较敏感，他们需要你的帮助也是有限度、有范围的，如果超出这个限度和范围，在他们看来就不是他们想要的帮助。相反，你的帮助也许会惹怒别人，这样过度地帮助别人，很可能让自己反受伤害。

比如，残疾人在长期的生活实践中，一般都有属于自己的独特的生活方式，并且可以独自处理一些日常生活中的常规事物。从这个角度来说，他人的帮助，更多的是体现人们的善意和辅助支持。

所以，这时对他们进行关心和帮助，需要事先征得残疾人本人的同意和配合，请他们提出具体的辅助方式，当残疾人确实不需要他人的帮助时，就不能勉强，更不可强行出手帮助。如果对残疾人过度关注，不断地嘘寒问暖，会使他们的自尊心受到伤害。比如，一个残疾人拄着双拐上下楼梯，别人一扶他就会失去平衡，就会出现"帮倒忙"的尴尬。再如，引导视力有问题的残疾人行走时，切不可随意把盲杖拿在自己的手里而试图搀扶他们前行，这样做的结果只能令其心生胆怯或者反感。

助人型的人，在帮助他人时要留有余地，适当地保持距离，因为彼此心灵都需要一点空间。如果你想帮助别人，而且想和别人维持长久的关系，那么不妨适当地给别人一个机会，让别人有所回报，这样才不至于让对方因为内心的压力而疏远双方的关系。而过度给予，不给对方喘息的机会，就会让对方产生窒息的感觉。只有留有空间，彼此才能自由畅快地呼吸。

犯错不可怕，逃避错误才可怕

　　忠诚型的人为了保护自己的理想会做到绝对忠诚、服从，避免任何的犯错行为，甚至连自己有犯错的想法都害怕，也怕别人犯错会影响他。由于害怕犯错，所以他们总是小心谨慎，但一旦犯错他们就会把错推到别人身上，以减轻自己的罪恶感。

　　在生活中，犯错后，如果只想到推诿和逃避责任，只会让错误像高利息债务一样，越滚越大，最终成为横亘在我们人生路途前的一座大山。

　　一个周末的上午，比尔·盖茨正在书房看一份资料，猛然听见厨房里"乒乓"一声，好像有什么东西摔在地上了。

　　比尔·盖茨走进厨房时，看到冰箱前的地板上满是牛奶，3岁的菲比正对着地上的牛奶罐不知所措。一旁的保姆正准备打扫，比尔·盖茨阻止了保姆。菲比此时还在发呆，显然也受到了一些惊吓。

　　"菲比，我从来没有见过如此壮观的牛奶海洋。难道是有头奶牛来我们家，挤完牛奶就跑掉了吗？"比尔·盖茨夸张地说道。

"很糟糕，爸爸，那牛奶已经不能喝了。我拿不住它，所以，牛奶罐就掉在地上了。"菲比不好意思地说道。

"亲爱的菲比，我建议下回你可不要把牛奶再摔到地上了。记住，一定要请妈妈帮你倒进浴缸去，这样，你就可以洗个'牛奶浴'了。"

菲比被这幽默的话逗笑了，比尔·盖茨继续说道："我想，既然我们的菲比这么出色，那我就要荣幸地邀请菲比一起清理战场，难道我们不是最佳搭档吗？"

"哦，爸爸，我十分愿意和您一起来清理。"菲比开心地回答。

比尔·盖茨用幽默的话语让菲比意识到自己的错误，并为自己的错误负责——亲自清理"战场"，让菲比在错误中得到成长。忠诚型的人要知道，没有人会不犯错，辉煌的成功建立在无数次错误的基础之上，所以不要怕犯错，关键是要让每一次错误都变得有价值。而那些不为自己的错误负责，把错误的原因归咎于环境因素或者他人因素的人，是无法正视错误，也不会在错误中成长的。

错误是成长过程中必然会发生的，忠诚型的人在发现错误的时候，不要采取消极的逃避态度，而应该做的是想办法在最大程度上弥补过错。只要能以正确的态度对待它，勇于承担责任，错误不仅不会成为你发展的障碍，反而会成为你前进的推动器，促使你不断地、更快地成长。任何事情都有它的两面性，错误也不例外，关键就在于你从什么样的角度去看待它，以怎样的态度去处理它。

让错误成为自己成长的助推器，是每一个成功者的必经之路。成功没有一帆风顺，都会经历坎坷，在走向成功的道路上我们难免会做一些错误的决定，但是懂得如何处理错误，如何承担错误，并且将错误转化为前车之鉴，就离成功不远了。

消极无社交，要善于将思想引向积极

生活中自我型的人，十分关注自我感觉。和不熟悉的人交往时，会表现得沉默和冷淡；在不开心时，喜欢独自处理不开心的情绪。

自我型的人常常选择夸张的外表形象，形象中有一种独特的优雅，他们感觉需要通过外表装扮来说明自己的独特性，说明自己是走在潮流与时尚前沿的人。不过尽管他们外表耀眼，但内心还是会觉得自己失去了生活中的一些美好，甚至感到自卑。自我型的人总是被消极心理所困扰。

心理学研究表明，积极的心理是人们身心健康发展的一种内驱力，可以使人积极向上。消极的心理（忧愁、悲伤、愤怒、紧张、焦虑、痛苦、恐惧等）会降低人的智力水平，导致人行动迟缓、大脑迟钝、精神疲惫或进取心丧失，严重时会使自我控制力和判断力下降、意识范围变窄及正常行为瓦解，从而给人们带来非常大的危害。

科学家好多年前就公布的一项研究结果显示，具有消极心理的人患心脏病的风险很大。参加这项研究的心理学家表示，在实际生活中，类似发怒、敌对、焦躁和抑郁这样的消极心理通常都是相互联系、相伴发生的。因此，一个陷入抑郁状态的人，常常也是一个容易发脾气、不容易与人相处又容易烦躁的人。而一个不容易与人相处的人，其焦躁程度通常较高，不但常常容易出现抑郁症状，而且也十分容易和他人发生争吵。研究人员认为，当一个人的身上交替出现这些消极心理时，其心脏出现问题的危险也就随之升高。因此，要是预防或要避免的不是某种心理因素对心脏产生的有害影响，而是应该把所有这些消极心理因素都考虑进去。

那么，自我型的人应如何走出消极心理的阴影呢？

1. 把注意力放在积极的方面

有这样一个故事：

从前，有一对很贫困的老夫妇，他们想把家中唯一值钱的马拉到市场上去换点有用的东西。

于是，老头便牵着马去赶集了。他先用马与人换得一头母牛，又用母牛去换了一只羊，再用羊换来一只肥鹅，又把肥鹅换了母鸡，最后用母鸡换了别人的一口袋烂苹果。

在每次交换中，他都想给老伴一个惊喜。

当他扛着大袋子米到一家小酒店歇息时，遇上两个富人。在闲聊中，他谈了自己赶集的经过，两个富人听后哈哈大笑，说他回去准得挨老婆子一顿骂或一顿揍。老头子坚称绝对不会，两个富人就用一袋金币打赌，说："只要今天你回家不挨老婆的骂，我们就给你一袋金币。"

于是，三个人一起来到老头子家中。

老太婆见老头子回来了，非常高兴，她兴奋地听着老头子讲赶集的经过。每当老头子讲到用一种东西换了另一种东西时，她的话语里都充满了对老头的钦佩。

老太婆嘴里不时地说着：

"哦，我们有牛奶了！"

"哦，羊奶也同样好喝！"

"哦，我们有鸡蛋吃了！"

最后听到老头子背回一袋已经开始腐烂的苹果时，老太婆同样不愠不恼，大声说："我们今晚就可以吃到苹果馅饼了。"

结果，两个富人输掉了一袋金币。

私下里，有一个富人问老太婆："你为什么不责怪他？是不是提前有人来给你捎信说我们要打赌了？"

老太婆答道："没有，我是想事情已经这样了，责备也于事无补，倒不如坦然地接受。"

把注意力放在问题的不同方面，常常得出不同的结果，人就会产生不同的情绪。看问题的积极方面，可以产生乐观的心理；看问题的消极方面，就会产生悲观的心理。但相当多的人不由自主会选择悲观，所以必须学会控制自己的注意力以调控自己的心理。

2. 学会积极地思考，转换思维方式

我们到电脑上去搜索，敲进"成功"两个字，会发现所有跟成功有关的网址、网站、网页，全部被搜索出来。如果敲入"失败"

两个字，电脑就会搜索出全部的与失败有关的网页、网站、网址。人脑跟电脑是一样的，可以搜索哪些是积极的，哪些是消极的。人的发问的方式跟敲键盘是一样的，问了很好的问题，就会得到很好的答案，问很坏的问题，当然得到很坏的答案。

3. 正确地面对社会现实

要知道，社会是一个由多元化系统组成的大系统。社会是光明的，但也有阴暗面。世上有好人，但也有坏人。看待社会不能过于理想化，要看到社会成员之间的不平等是客观存在的，不能用自己的标准去衡量社会的公平性，而应正视社会，承认差别，努力去缩小自己与别人的差距。

4. 学会同自己进行良好的沟通

一个人不管有多忙，每天一定要留出一点时间给自己独处，这就是自己和自己沟通的一个时间。静下心来，好好地认识一下自己，才能更好地摆脱那些不良的心理。

5. 正确地看待自己

遇到挫折，应先从自己的主观方面去寻找原因。坚信"人无完人"，每个人都有长短处，只要积极有为，扬长补短，"长风破浪"就会"有时"。不要担心不如别人，要接受自己，确立一种自信、自强、自立的心态，否则容易形成自卑心理。和别人攀比要知己知彼，这样才能知道是否具有可比性。

凡是长期心情不好的人，往往都是那些想得多而有效行动少的人。因而当你的消极心理产生以后，不妨根据自己的情况，选择使用上述的一些方法来进行自我调节。

"重新判断"法，从源头遏制愤怒

　　见过草原上一声怒吼就能让百兽惊恐的雄狮吗？进入愤怒状态的领导型的人就具备雄狮的威慑力和爆发力，他们会毫不控制地表达自己的愤怒，毫不考虑公众对他们的观感。特别是当一个人、一件事真正触怒到领导型的人时，他们的愤怒会呈现排山倒海的力量，其令人畏惧的程度将"前无古人，后无来者"。

　　生气对身体有百害无一益。"怒伤肝"这一说法还是有一定的道理的。不仅如此，许多学者还从理性层面指出愤怒的危害性。古希腊哲学家毕达哥拉斯认为人在盛怒下常常会做出不理性的行为，他说："愤怒从愚蠢开始，以后悔告终。"培根则告诫道："无论你怎么地表示愤怒，都不要做出任何无法挽回的事来。"在现实生活中，一时愤怒，酿成大错或大祸的事，绝非少见。

　　从前，有个人一夜暴富，但是他却不知道如何来处理这些钱。他向一位和尚求助，这位和尚便开导他说："你一向贫穷，没有智慧，现在有了钱，不贫穷了，可是依然没有智慧。近来城内信佛的人很多，有大智慧的人也不少，你出千把两银子，别人就会教你智慧之法。"那人就去城里，逢人就问哪里有"智慧"可买。有位僧人告诉他："你倘若遇到疑难的事，且不要急着处理，先朝前走7步，然后再后退7步，这样进退3次，'智慧'便来了。"那人将信将疑地离开了。

当天夜里回到家，昏暗中他发现妻子与人同眠，顿时怒起，拔出刀来便想行凶。

这时，他忽然想起白天买来的"智慧"，心想：何不试试？于是，他前进7步，后退7步，各3次，然后点亮了灯光再看时，发现妻子在与自己的母亲同眠。

还好他有幸买了"智慧"，避免了一场杀母大祸。

愤怒的情绪往往会挑拨起冲动，而冲动的结果将会使人更加愤怒，这样会形成恶性循环，一发不可收拾。远离冲动，抑制愤怒，才能驶向开心的彼岸。

我们再看看下面这个例子：

在2006年，世界杯足球赛法国队与意大利队的决赛中，法国球星齐达内在加时赛的最后10分钟由于受到对手挑衅而情绪失控，用身体冲撞对方球员，不仅给自己带来了一张红牌，还给自己的足球生涯画上了遗憾的句号，并导致法国队最后的失败。

愤怒是一种极具破坏性的情绪，它给人带来的负面影响可能远远超乎我们的想象，甚至会给我们的生活带来深远的影响。

那么，对于容易愤怒的领导型的人来说，应该怎样平息心中的怒气呢？

有一种理论认为：把怒气发泄一通，将会使你的感觉好受一些。但是，心理学家们却认为，这是一种最糟糕的做法，而且根本就行不通。他们为此向人们提出了一种名为"重新判断"的方法，即自觉地从一种比较积极的角度去看待他人对你的"冒犯"。比如，当你遇到有人超车时，你能对自己说"这个人大概有什么急事吧"，或者说"也许我的车开得的确太慢了"。那么，你就不至于会发火了。事实证明"重新判断"的确是一种极为有效的控制不良情绪的方法，能控制许多即将暴发的愤怒。

还有，空间距离的调整也不失为一个好方法。所谓空间距离法就是在适当的时候学会离开。当我们对一件事或一个人忽然感到气愤而可能失去控制时，应该马上离去，就像俗语说的"眼不见心不烦"一样。比如，你到商店去买东西，遇到售货小姐爱理不理的态度，会感到很愤怒。这时，你最好不理睬她，离开这家店去另一家商店。

还有一个息怒的良方是"坐下来"。人坐着的时候，血液循环和新陈代谢的频率，都比站着的时候低。

实验表明，当一个人情绪激动时，血液中去甲肾上腺素的含量会明显增高，这种血液成分会大大加快血液循环，使人活力倍增。于是，他就不甘于座位空间的限制。而当一个人全方位地舒展他的躯体和四肢以后，随着活动空间的大幅度扩展，他的血液循环又进一步得到加速的刺激，从而使争吵时所需要的生理能量获得阶段性的能量供应。而发脾气在生理上依赖于这样的能量供应，如果我们能抑制自己生气能量的供应，愤怒的程度与幅度也会随之下降。

最后，领导型的人还要记住一点，就是在控制住冲动的情绪后，要重新思考，努力打开心结，为什么会有冲动的情绪，为什么自己不能从一开始就看开点，为什么不能很好地控制情绪，这样才能从源头遏制愤怒。

盲目从众，只会让自己随波逐流

生活中的和平型的人，缺乏主见，喜欢随大流，人云亦云，这种性格在心理学上被称为从众心理。

从众心理，指的是当个体受到群体影响（引导或施加的压力）的时候，就会开始怀疑并改变自己的观点、判断和行为，朝着和大多数人一致的方向变化。

对从众心理所进行的研究实验中，最为经典的莫过于"阿希实验"。

美国心理学家所罗门·阿希做了一个实验，来研究人们会在多大程度上受到他人的影响，而违心地做出明显错误的判断。他请大学生们自愿申请做他的被试者，告诉他们这个实验的目的是研究人的视觉情况。当某个来参加实验的大学生走进实验室时，他发现已经有6个人先坐在那里了，他只能坐在第7个位置上。事实上他不知道，其他6个人是跟阿希串通好了的假被试者。

阿希要大家做一个非常容易的判断：比较线段的长度。他拿出一张画有一条竖线的卡片，然后让大家比较这条线和另一张卡片上的3条线中的哪一条线等长。判断共进行了18次。事实上这些线条的长短差异很明显，正常人很容易做出正确的判断。

然而，在两次正常判断之后，6个假被试者故意异口同声地说出一个错误的答案。于是被试的那个大学生开始迷惑了，他是坚定地相信自己的眼力呢，还是说出一个和他人一样，但自己心里认为不正确的答案呢？

阿希一共在三所大学123名大学生中做了这个实验，从总体结果看，平均有33%的人判断是从众的，有76%的人至少做了一次从众的判断，而在正常的情况下，人们判断错的可能性还不到1%。当然，还有24%的人一直没有从众，他们按照自己的正确判断来回答。

经过研究发现，影响从众现象发生的最重要的一个因素是持某种意见人数的多少，"人多"本身就是说服力的最好依据，很少有人能够在众口一词的情况下还坚持自己的不同意见。生活中，从众心理发生在很多人的身上，尤其是和平型的人，他们总是倾向或跟随大多数人的想法或态度，以证明自己并不孤立。

通过跟随、模仿他人的行为来选择策略并非完全不可取，甚至有时这种策略还可以有效地避免风险和取得进步。但从众行为往往缺少目的性，要想通过这种缺乏目标的"随大流"来取得成功，无疑是异想天开，只有摆脱从众规则的束缚，才能在事业上取得进步，才能取得更大的成功。

著名演员索尼娅·斯米茨小的时候被小朋友们嘲笑长得丑。回到家里，她委屈地哭了。父亲忽然对她说："我能摸得着咱家的天花板。"索尼娅·斯米茨以为父亲是在开玩笑，没有在意。于是父亲又喊了起来："我能摸得着咱家的天花板！"

索尼娅·斯米茨仰头看看天花板。她想那么高的天花板，父亲怎么能摸得到呢？她怎么也不相信。父亲笑笑，得意地说："不信吧？那你也别信那些小朋友的话，因为他们说的并不是事实。"

这件事对索尼娅·斯米茨产生了很大的影响。有一次，她要去参加一个集会，但经纪人告诉她，因为天气不好，只有很少的人参加这次集会，会场的气氛有些冷淡。经纪人的意思是，索尼娅·斯米茨刚出名，应该把时间花在一些大型活动上，以增加自身的名气。但是，索尼娅·斯米茨坚持要参加这个集会，因为她对集会主办方承诺过要去参加。结果，那个集会因为有了索尼娅·斯米茨的参加，人越来越多，她的名气和人气也因此骤升。

后来，她又自己做主，离开加拿大去美国演戏，从而闻名全球。

一个有主见的人首先能够很好地把握自己，他知道自己是谁，也知道自己要做什么。我们生活在这个纷繁复杂的世界上，随时随地都会面临选择。如果不想随波逐流，你就必须学会自己做决定，自己对自己负责。

第七章

性格与情感
——不为人知的两性性格差异

　　自古以来，爱情是一个永恒的话题。很多时候，相爱之人的矛盾、冲突与各自的性格有很大的关系，如果双方能够了解自己和对方的性格，并为对方做出适当的改变，相爱将会变得更容易，爱情也会更甜蜜。

爱得过多，就会成为负担

　　在爱情中，助人型的人有一个特点：他们希望给予、付出，爱别人胜过爱自己。他们常常有这样的担心：我如果不爱别人，别人肯定不会爱我。需要注意的是，助人型的人一定要把握好分寸，可以给予和付出，却不能迷失自己。

　　有位情感专家说过："如果你希望别人爱你，最好的心理准备就是不要让自己变成非爱他不可。你应该坚强独立，自求多福。让自己有自己的生活重心，有寄托、有目标、有光辉、有前途。总之，让自己有足够多的可以使自己快乐的源泉，然后再准备接受或不接受对方的爱。"

　　在爱情中，你需要增强自身的魅力，吸引对方，让别人来爱你。吸引与付出两样都不能缺少，如果迷失了自己，失去了魅力，再多的付出都可能会打水漂，这就是爱情。人们常说的"一分耕耘一分收获"的道理在爱情领域里并不是绝对的真理。不妨看看下面这个故事：

故事的女主角叫胡敏，胡敏就是那种在爱情中一味付出的女孩子，生活中的她乐于助人，对自己的男朋友王凯更是体贴入微。说到她追男朋友的过程，正是付出之后得到的回报。胡敏毕业后在一家电器公司工作，工作到第三个年头时，硕士毕业的王凯也来到这家公司。王凯无论外貌还是才学都很好，自然不乏追求者，总有女孩子找他聊天、看电影。胡敏却不动声色，每天中午去领盒饭时，她都会多带一份，悄悄地放在王凯的桌上。王凯发现是胡敏在默默地帮自己领饭后，就对她有了好感。因为当时王凯是公司新员工，对公司的业务不是很了解，就经常请教胡敏，胡敏也很乐于帮忙，这样一来二去，两个人恋爱了。

在两人的感情里，胡敏更像一个保姆，每天照顾着王凯的生活起居，处处都依着王凯。胡敏胃不好，王凯却喜欢吃辣。有一次，王凯带她去吃麻辣火锅，为了不让男友扫兴，她就隐瞒了自己胃不好的事，结果吃完后自己回家胃疼了一个晚上。

王凯一心想在工作上做出成绩，无奈工作时间短、经验有限，所以总是愁眉苦脸，觉得怀才不遇。为了帮男友减少烦恼，胡敏就放下自己手上的工作，全力帮助男朋友，结果半年下来，王凯升职了，她却由于经常完不成自己的工作任务而降职了。胡敏就这样一切以男朋友为中心，根本不顾自己的事业和兴趣爱好，整天精心侍候着他。

后来，王凯由于在公司业绩突出，被调到公司总部上班，在离开原公司的那一天，王凯提出了跟胡敏分手，他说道："你付出得太多，对我太好了，但我觉得太沉重了，我承受不起。"

胡敏心里十分难过，她在想到底自己哪里做得不好，做得不够。她哪里知道，不是因为自己爱得不够，而是因为爱得太多了。

助人型的人在爱情中给予和付出时，只是不停地给予，却不去考虑对方是否需要，这样往往适得其反。

如果你爱上一个人，对他来说是一种快乐，但如果爱得太多，则会变成一种负担。一个人太爱另一个人，就会失去自我。一切都随着对方，没有了自己的原则，没有了自己的喜怒哀乐，时时刻刻关注他的一举一动，他成了你的整个世界。终有一天，你会发现你的爱让他没有自由呼吸的空间，他会因为承受不了这份爱的重担而离你而去。

如果你爱一个人，只需要付出1/3的爱，还有1/3要留给自己，1/3留给家人朋友，这样才能保持细水长流的长久关系，才能跟你爱的人一直走下去。对于助人型的人来说，要谨记，给予是好品德，但是在爱情里不能因为过度付出而失去自我，要留一部分爱给自己。爱不是一味地努力和牺牲就能换来的，你可以先爱自己，在爱自己时也爱别人，这样的爱才不会干枯。

过于理性的爱情不会太长久

观察型的人，善于思考，无论何时都会保持理性的思维。

有理性，绝对是人的优点。看问题全面，处理问题沉着，不感情用事。但是在爱情中，如果过于理性往往会适得其反。

有本小说中这样写道："如果说跟感性的人谈爱情能像烈火烧得你体无完肤，那我宁愿扭曲在火焰里，因为我实在怕冷，理性的人更加可怕，就像一座冰山，从上到下都由结构精细的水分子在特定的温度下结合起来的坚固，无懈可击，而你就像他面前的一支小火炬，不管是被冻灭吹灭，还是被压下来永不翻身，你都再也没办法也没兴趣把这把火再烧起来。"

对于观察型的人来说，爱情就是公式：如果等号两边相等，那么我们相爱；如果不等，那就不要再爱了。

观察型的人觉得爱情就像化学反应、物理实验，你的每一个成分都要精确，每一个步骤都要测量，否则结果就一定是难堪的，无法接受的失败。

朋友的妹妹周琴就是一个典型的观察型的人。她今年25岁，在武汉某重点高校读研。周琴明年研究生毕业，却在今年的这个毕业季充满了感伤。因为，她热恋中的男友小郑即将毕业远赴上海工作，这使周琴考虑两人是否要分手。

"我老家在广东，父母已经在广东给我买了房子，我准备一毕业就要回家去的，但小郑要留在上海。因此，即便现在不分，以后肯定也要分手，我何必浪费时间，浪费感情。"周琴的理由十分现实。然而，这个时候，周琴和小郑恋爱才一个多月，正是如胶似漆的时候，要周琴现在放弃感情，她也有不舍。面对周琴的纠结，小郑也很苦恼："之前我们两人就为到底去广东还是去上海争执过，但上海的工作很适合我，我希望至少我们为这段感情再努力一下，她可以来看我，我给她报销车费。"

而更让周琴耿耿于怀的是，这意味着她又有了一次不超过两个月的恋爱。她总共恋爱四次，每次都没有超过两个月。

周琴是个做事很有计划、很理性的女孩。因此，数次恋爱过后，她都写了"经验总结"，以供自己进步。"但似乎没多大作用。"周琴有些黯然。

第一次恋爱，是在读大一时。"男孩很幽默风趣，会讨好我，也舍得花钱。"周琴说，但她很快发现这是男友的优点也是其缺点。"他攒不了钱，工作也不稳定，给不了我想要的生活。"周琴当机立断，在交往满两个月的那天，与男孩提出分手。

第二次恋爱，发生在大二那年。"他已经参加工作了，可是太市侩了，没有梦想，我跟他谈不到一块……"周琴说，交往不到两个月，他们便匆匆分手。

第三次恋爱在读大四那年，周琴与一位博士在一起了。这次，刚一个月，周琴就"逃跑了"。"他控制欲太强。"周琴抱怨道。博士男友每天电话追问她的行踪，交往一周就想带她回家见父母，把她吓坏了。

次次恋爱时长都不到两个月，让周琴警觉起来。朋友告诫她："你总是在寻找一个所谓更合适的人，渴望一个最完美的结果，而没有真正在意爱情。"

观察者总是过于理性，甚至"斤斤计较得失"，而这种理性对于爱情是不合适的。

在这个社会里，爱情被赋予了太多附加的东西，以至于连真正渴望爱情的人，都会掂量再三，心怀畏惧。可是爱情本身只是两个相互契合的灵魂之间的厮磨和温暖。过于理性的考量，只会把自然激发的冲动和热情消磨殆尽。

观察型的人总是在顾虑今后的婚姻会不会幸福，却忘记了爱情才是婚姻最不可或缺的前提。他们总以为有了稳定的物质基础，爱情就会随之而来，却不知道灵魂的投契是可遇而不可求的缘分。人类终究是依赖感情的生物，而感情只能用感情来交换。

别让"疑心病"毁了你的爱情

忠诚型又被叫作怀疑型，这种人很敏感，总是觉得事情的背后隐藏了什么，别人的微笑面孔背后又有什么企图。他们会在内心形成一个想法，然后对周围环境进行扫描，查到蛛丝马迹来印证他们的想法。通常他们不是根据证据才产生想法，而是有想法之后去找证据印证。

多疑会产生怀疑，而且越来越多，你每天对女友说一遍："我怀疑你抛弃我了！"少则一个月，多则半年，她一定会抛弃你。这时候，你可能会长出一口气：你看，果然是这样！我当初的疑心是有道理的。其实，正是你不加克制的疑心赶走了她。

忠诚型的人在婚姻中的优点是绝对忠诚，缺点就是疑心太重。他们一旦陷入爱河之中，很容易对伴侣产生怀疑，即使对方给他承诺、许下海誓山盟，他也觉得对方并非真心诚意，怀疑对方另有企图。他们背地里就会猜测对方的内心，在毫无真实根据的情况下，得出一套结论。一旦这样的结论出现了，他们就会把它当作事实，然后根据现实的蛛丝马迹来印证自己的假设，并对伴侣横加指责，让对方陷入"无妄之灾"中，这都是因为自己的疑心在作祟。

俗话说，疑心生暗鬼。人一旦疑心太强，就会导致越猜越疑，越疑越猜的恶性循环。所以对忠诚型的人来说，一定要控制自己疑心太重的毛病。

爱他，就不要把权利带回家

一个人的关系可以分成个人领域和社会领域。

个人领域包括配偶、亲人、知己，最典型的是家；社会领域包括同事、同学、同乡等，最典型的是工作。

处理工作中关系的规则是权利，其运作机制是竞争与合作、控制与征服。而处理家中关系的规则是珍惜，能抵达珍惜的途径是理解和接受。

如果不明白工作与家的分野，而将权利规则带回家，那就形成一种"权利的污染"，会引发很多问题。并且，这种"污染"在现代社会很容易发生，因为我们的社会流行成功崇拜，而走向成功的重要途径就是掌握权利规则。

生活中的领导型的人很容易忽视珍惜的规则，而只在乎权利规则，将其视为解开人生的主要的甚至唯一的钥匙。

在某种程度上讲，娴熟地掌握并果断地使用权利规则会让一个人在成功的路上奔跑得更加迅速，但一旦它渗透到一个人的个人领域，那势必会让这个人付出代价——他的亲密关系必然会变得一塌糊涂。

所以，领导型的人如果珍惜家，就不要把权利规则带回家。

把权利规则带回家主要包括以下几种：

第一，以为家里的规则和工作规则是一回事，而在家中有意使用权利规则。

第二，知道两者不一样，但不懂家的规则。

第三，彻底抛弃家的规则。

第四，习惯了权利规则，在家中放不下，就像是权利强迫症。

马欣今年43岁，她在广州有一家房地产公司。她的丈夫刘辉今年45岁，经营着一家科研公司，15岁的儿子刘磊聪明伶俐，在一所贵族学校读高中，学习成绩非常优秀。

按说，这样一个富裕的家庭，过得应该很幸福。但马欣经常对朋友说，她和丈夫的关系一直很紧张，以前还能勉强维持，现在，火山似乎时刻都会爆发，她感觉到非常惶恐。

到底是什么原因引起的家庭矛盾呢？马欣苦笑着说，主要原因是自己太能干了。

刘辉是谦谦君子，做学问没问题，但做生意就不太顺手了。前年，他经营的公司即将要破产了，两口子一合计，决定将两家公司合并。

公司合并后，刘辉做正总，马欣做副总，但真正经营公司的还是马欣。公司很快有了起色，一年后就成为业内数得上的企业。

就在这个时候，两口子的家庭战争开始爆发。刘辉几次大发雷霆，对着马欣歇斯底里地吼叫："这公司是我的，你给我滚！滚出去！"

讲到这儿，马欣忍不住眼泪，她说："你知道吗？我很累。公司里，他不会做事，我就要张罗一切。回到家，他是撒手掌柜，还得我张罗一切。虽说我是女强人，但我也想小鸟依人，想得到男人的呵护。但他……他能让我依靠吗?！"

马欣说，她知道，丈夫之所以这样，是因为她让他显得很窝囊。"但他有本事就改变一下窝囊的形象啊！"她说，"每次一回到家，他就钻进书房谁都不理。家里这样就算了，但在公司他还是这样。堂堂的总经理，总是躲在办公室里，不和人说话，不出来应酬。没出息，要不是我打理一切，公司早垮了。"

后来，这位朋友遇到马欣的丈夫，就问起了这事。但刘辉对家庭冲突有不同的说法。他在描述对家的感觉时，只有一个字——冷。

他承认，妻子很能干，把家里一切都打点得很好。但他并不高兴，相反觉得很窝火。家务是妻子说了算，儿子教育也是妻子说了算，他什么都辩不过妻子，最后干脆一回家就把自己关在书房里，"这是我在家中能自己说了算的唯一的地盘"。家庭之外一开始倒没问题，毕竟"工作是我唯一的舞台"，但公司合并后，"这个舞台也被她占领了"。

两人常就公司业务进行争论，每次的结果都是马欣强行接管一切，和客户联系，打点社会关系，指挥下属，运营整个公司。结果，公司很快焕发了新的生命力。

刘辉说，妻子这么能干，他一方面很钦佩，另一方面觉得很难受。"就像在家里的感觉一样，"刘辉说，"什么都不需要我，妻子一眨眼把什么都处理好了……这让我觉得自己一点价值都没有"。

刘辉多次向妻子表达过这种感觉。一开始，马欣会注意一下，但很快又忍不住"把一切都搞定了"。最后，刘辉就只能用歇斯底里的吼叫这种方式向她表达愤怒。

"看上去，妻子不过是吞并了我的公司。但内心中，我觉得是我的世界被吞并了。"刘辉说，"我一退再退，一退再退……但现在已经没有地方可以再退了。"

家是温馨的港湾，夫妻之间互相理解并接受彼此是最重要的，利益退居其次，而马欣想当然地用工作中处理利益的方法来处理家里的问题，结果引出了一系列问题。

公司中需要强有力的领导，只要领导能带来利益就是好领导，但家中需要的是爱，是理解与接受，马欣将自己不自觉地摆在"家庭领导"的位置上，控制丈夫的生活，为他安排好一切，这显然是将权利规则带回了家。

再看看 "男强人"胡勇的家庭问题。

胡勇是北方人，今年48岁，在广州经营一家传媒公司，家业殷实的他婚姻却一直不顺，已离了两次婚。今年，他第三次结婚，妻子小芸只有23岁。但结婚三个月后，小芸就开始闹离婚了。

胡勇很爱小芸。她三年前来广州打工时，他就认识了她，觉得她非常有勇气，很欣赏她，前前后后帮了她不少忙。今年，出于报恩心理的小芸主动向他求婚。胡勇说，他相信小芸不是为他的钱而来。

婚后第一次冲突是很小的事。小芸要他陪着去逛街，他拒绝了，因为"一个膀大腰圆的大男人陪个小丫头去挑袜子、买内裤什么的，算什么事儿"。他顺手丢给小芸一张信用卡，要她自己逛。结果，小芸把信用卡摔在地下，哭着说："谁要你的臭钱！"

小芸还说广州不安全，但他已在番禺买了一栋别墅，小区管理很好，两人多数时间住在那里。但小芸还是哭闹，要他卖掉工厂，跟她回老家一起做小生意。

对此，胡勇感到非常苦恼，他问他的一个朋友："她到底要什么呢？钱也不要，这么好的条件也不要，她到底要什么？！"

当朋友问及，除了用"钱和条件"，他还会用什么方式表达爱，胡勇想了想，这一点的确是问题。譬如，小芸把家里布置得又漂亮又温馨，他满意极了，但什么话也没说，只是"嗯嗯"地点了点头。朋友问："如果你是她，你会有什么感受？"胡勇回答说："应该挺失落的，挺挫败的。"

既然理解小芸的感受，为什么不试着学习一下新的表达方式呢？对此，胡勇回答说："我知道应该表达感觉，但我不会呀！而且假如我那么婆婆妈妈，我就不可能做生意了。"

这最后一句话暴露了胡勇的问题。显然，在他的意识中，他也是将家和工作看成了一回事。在工作中，他如何做，在家中，他也那样去做。做生意不能"婆婆妈妈"，在家里也不能"婆婆妈妈"。但家就是"婆婆妈妈"的地方。家之所以温暖，主要就是因为家里的成员"婆婆妈妈"，能理解并体贴彼此那些琐碎的感受。

以上两例都是极端情况，可以说两个案例中的主人公都是典型的领导型的人。他们也想有一个温暖的家，只是无意中将权利规则带回了家。

领导型的人特别在乎权力，在工作中如果总是被控制、受人气。那么，回家以后就容易把气撒在配偶和孩子身上，并有可能显示出更极端的控制欲望来，这在心理学上叫"心理补偿"，在生活中处处可见。

那么，如何避免将权利规则带回家呢？领导型的人应注意以下几点：

第一，要有明确的意识，将工作和家分开。告诉自己，这是两个不同的世界，需要用不同的方式去对待。

第二，保持整个家庭系统的平等。在工作中，必然会有领导。在现代家庭中，解决问题时，要有"一家之主"，但在沟通中，应该相互尊重。

第三，让珍惜成为家庭主旋律。工作中，处理的主要是利益，目标是解决问题；家庭中，处理的主要是感受，目的是相互理解与接受。多一分理解，多一分接受，就多一分温暖，家就更像一个家。

及时沟通，为爱情找到突破口

和平型的人是生活中的"老好人"，他们有不满的情绪，也很少会直接表达出来，因为他们怕直接表达出来伤了大家的和气，会让大家都没有面子。

虽然和平型的人不轻易表达不满，但并不代表他们有消化不满的能力，他们会将这些怨气存在心中。

在婚姻中这样的做法是不可取的，因为若是不能及时发泄不满，很可能会导致一场大的爆发，像一颗炸弹一样，杀伤力非常强，会导致许多事情无法挽回。所以对于和平型的人来说，要想使婚姻幸福，应该及时表达自己的不满，切莫消极怠工，或是"秋后算账"。

惠玲平常不喜欢与人争吵，脾气和善，不论老公有什么错误，心中虽然不满，但也都埋在心里，不愿意说出来。她过日子非常节省，精打细算，因为她认为自己和老公赚钱不容易。

这一年春节，两人不能回老家过年，老公就和她商量，给双方的父母都寄去一些钱，让他们各自买一些礼物，也算尽了儿女的孝心。惠玲一听觉得很好，就决定给两方的父母各寄去2000块钱，事情由老公去办。

过了一段时间之后，有一天惠玲在给老公洗衣服时发现了汇款时的票据，原来老公给自己的父母寄去2000块钱，却给公婆寄去了5000块钱。

这让惠玲感到十分气愤，可是她又不喜欢表达出来，就埋在了心里。从那以后，她花钱也不再节省了，觉得该花就花吧，反正老公也是有私心的。

以前她和老公很亲密，这件事之后，她感觉和老公之间有了隔阂，对老公的态度也变得不冷不热。老公越来越觉得不对劲，问她出了什么问题，她也不肯说。

第二年春节，两个人打算一起回家去，这回惠玲留了个心眼儿，和老公一起去给双方父母买礼物。老公给两方父母买了相同的礼物，可是在婆婆家时，老公又拿出了3000块钱给婆婆。这回惠玲更是气愤了，她一改往日好儿媳的形象，不再帮婆婆做饭洗碗，也不愿意跟老人家聊天，害得公婆都以为是他们哪里招待不周，惹她不开心了。

从公婆家回来之后，惠玲对老公的态度日益冷淡，整天也不做家务了，以消极怠工来表达不满。这一天，同学结婚，邀请惠玲夫妻去参加。夫妻俩为了打扮得庄重一些，一起去商场买衣服，在选衣服的过程中，老公帮惠玲看中一套衣服，定价400元，而他自己选中一件上衣，定价900元。惠玲再也忍不住了，气愤地说道：

"给我父母你舍不得花钱，给我你也舍不得花钱，这日子没法儿过了！"说完，愤愤地回到家里，然后收拾东西，跑到自己闺中密友那里去住，打算办离婚手续了。

老公百思不得其解，后来还是从惠玲的密友处知道了事情的原委。他如梦方醒，解释说根本不是那么回事，那多余的3000块钱是自己哥哥借的，哥哥家经济条件差，供孩子上学学费不够，所以才向他借的钱，他寄给父母，是让父母转给哥哥的。后来，经过老公的赔礼道歉及朋友的劝说，惠玲才消了气。

和平型的人，最常出现的问题就是看到问题不说，最初可能是害怕争吵影响和气，可是随着时间的积累及问题的增多，这种积聚在内心的怒气会越来越强烈，说不定什么时候有一个导火索，立马就火山爆发，后果不堪设想。

和平型的人要记住，夫妻相处时要及时表达不满，及时沟通。当然，沟通是讲究策略的。

比如，妻子非常愤怒地指责丈夫总是晚回家，这虽然也是沟通，因为丈夫知道了妻子的不满和为什么不满，但丈夫未必接受这种沟通，他仍可能很晚回家，这就可能更加剧他们之间的矛盾冲突。那么这种沟通就是不良的。夫妻沟通可以是积极的、建设性的，但也可以是消极的、破坏性的。对于和平型的人来说，应该将不良的沟通转变为良好沟通，要学会既表达了不满又不至于发生冲突。

和平型的人要想保持夫妻之间的良好沟通，必须注意以下几个方面。

多用正向的语言，而不是否定的、指责的语言，比如，"记得把用过的杯子拿到厨房放好"将比"每次喝完开水，杯子总是乱放"这样的沟通效果好些。

夫妻沟通时说得多不如说得好。有些人以为沟通时就要把心里的想法和感受全部讲出来，其实夫妻双方在沟通时必须过滤说话的内容，将伤害夫妻关系的内容过滤掉。

要选对沟通的时间。在对方忙得不可开交，或者在工作上出了差错而心情郁闷时，你最好不要火上浇油，拉着他来沟通一些家庭琐事，这时，他可能容易产生烦躁心理，影响沟通的效果。

沟通不是诉苦和指责。有些人，常常是把夫妻之间的正常沟通当作对对方的批判大会，对方只有老老实实地听着他的数落和指责。

事实上，这样做很快就会把一个心平气和的沟通转变成一个硝烟弥漫的战场。沟通是要说出自己的看法，也要让对方说出他的想法，这样才能实现沟通的目的。

不可用威胁、羞辱等伤害性或批评性的言语，这样可能会引起对方的负面情绪，会让双方陷入情绪化的互动中，从而无法达到沟通的目的。

夫妻沟通时切勿陷入是非对错之争，应该就事论事，商讨解决问题的办法，而不要把注意力放在谁是谁非上；否则意见的沟通会变成意气之争，不利于解决事情，反而会造成相互之间的伤害。

沟通时需要欣赏与鼓励、包容与谅解。夫妻之间要想和谐相处，应该多些欣赏与鼓励、包容与谅解，如果能做到这一点，那就会为夫妻之间的和谐美满打下坚实的基础。

第八章

性格的两面性

——优势与劣势只是一线之隔

　　世间万事万物都有两面性，性格同样如此。每一种性格都有它的优势与劣势，但是优势与劣势是相对的，也是可以相互转化的。我们只有认清自己，了解自己性格中的优势和劣势，才能化劣势为优势，不断完善自己。

完美主义者：做到极致 VS 要求他人做到极致

1. 积极的完美主义者

完美主义者的座右铭是：如果值得做，就要做得好到极致。如果把一件事情交给完美主义者负责，他一定会把这件事情做得很好而且能够准时完成。

完美主义者做事有目标，对待事情严肃认真。他们强调做事的先后次序。他们极具理智性，不会一时冲动，不会为了一时快乐而寻找刺激，他们会为自己的生活做好长远的打算。完美主义者十分注重细节，与活泼型的人能组成最佳旅游伴侣。他们能保管好机票、行李，记住从第几号门进去。完美主义者穿着十分讲究。男士穿得很得体，女士会将每一簇头发都梳得恰到好处。

完美主义者对他人关心体贴，热心助人。他们善解人意，愿意聆听别人的困难，并帮助其分析，最终找到有效的解决办法。完美主义者要求配偶也能达到完美的标准。他们交友十分谨慎，不像活泼型的人那样朋友甚广。这个世界不可缺少完美主义者，因为他们具有洞悉人类心灵世界的敏锐目光，具有欣赏世界之美善的艺术品位，具有创作前无古人之惊世作品的才华。完美主义者思维缜密，怀有始终如一的处事目标。任何事情都做得有条不紊，且能取得圆满成功。

2. 消极的完美主义者

由于完美主义者天生有着消极的倾向，完美主义者对自己要求非常苛刻，总将事情私人化，常常自寻烦恼。他们总是对别人的批评极其敏感。如果他们偶尔听到有人提及自己的名字，就一定会觉得有人在说他们的坏话。完美主义者喜怒不形于色，他们从来不希望让自己太激动，他们的生活大部分都是充满严肃的。虽然完美主义者也很讨厌那种喜欢掌控别人的领导型的人，但其实他们自己又何尝不是在通过情绪控制着他人。当别人知道他们会因为什么而情绪低落时，就会小心翼翼地避免。维持这种紧张关系是十分吃力的，所以人们在平常都会尽量不去和这种人接触。完美主义者要求苛刻，他们做每件事都要做到最好。但如果将这种高标准强加给别人，其实有时候也是一种性格上的缺陷。

帮助者：无私 VS 情感勒索

1. 积极的帮助者

积极的帮助者是所有性格中最体贴最有爱心的一种，他们的爱是无条件的，可以无偿地给别人，不需要回报。他们知道自己内心的需要，并能尊重自己的需要。他们的关心是真诚的，他们懂得真正爱人，能全心全意帮助他人，能给人带来实质性的帮助，责任感极强。

积极的帮助者平易近人，并且很容易接受他人，对周围的环境十分敏感，能站在他人的角度去想、去听、去看，能够理解他人，对身边的人付出关心、赞美和爱。他们能和受苦的人在一起，为他人分担痛苦，在人际交往上十分自主。他们懂得感恩，满足于他人的帮助。他们认为：我可以有需要，我可以帮人而不需他人回报。积极的帮助者最大的特征是帮助及爱护别人而不需要回报。

2. 消极的帮助者

消极的帮助者一般有两种自我防卫心理：投射和压抑。

所谓投射，就是事实上自己有需要，却将自己的需要投射到他人身上，认为那是他人的需要，不管他人是否需要，他们都会强行干涉。

所谓压抑，就是将自己的需要压在心底，意识不到自己的需要，却总是产生很强烈的帮助别人的想法。

消极的帮助者很少能理解别人真正的需要，只知道将自己有的给别人。如果在帮助他人后，得不到他人的回报，内心就会产生强烈的挫败感。总是给他人劝告，是看起来的"烂好人"。常常不能满足自己的需要，认为自己只需要帮助别人就好了，觉察不到自己的需要。对周围的人的需要很敏感，很多时候，他们以为真正在关心别人，其实往往是将自己的想法强加于他人，不自觉成为操纵别人的想法。他们给予他人的是自己想象的需要，强迫性的施与、说教。

消极的帮助者有妒忌和占有的心理，会成为歇斯底里的伤害者。他们总是觉得别人没有良心，认为自己付出那么多却得不到回报，但他们不会直接发怒，而是假装谦虚，喜欢操纵别人。他们渴望得到爱，这种渴望永无止境。他们总是忽视自己，对自己不关心，很难正视自己真正的需要，很少向他人提出要求，没有能力照顾自己。他们想方设法让别人来爱自己，仰赖别人的同情。他们有一种骄傲心理，认为"别人没有自己就活不成"。在帮助他人后，如果别人没有回报，会觉得别人占了自己便宜。他们身边有很多的朋友，很容易与人接触，但无法得到深层的友谊。他们总是把爱与理想都停在表面上，充满了幻想。

实干者：实干 VS 扮演角色

1. 积极的实干者

积极的实干者个性较吸引人，他们真诚且充满活力，很有自信，不在意别人怎么想他，不必通过扮演角色来让别人欣赏自己。

一般人都很喜欢积极的实干者，欣赏他们的做事能力。他们社交能力较强，知道如何与人相处；他们是团体中的领导者，能推动整体前进，极具组织能力，能积极与人合作；他们有用不完的精力做需要做的事，很快能掌握事情的实际情况和细节；他们是标准的实用主义者；对人非常慷慨，乐意为他人服务。

积极的实干者总是充满热情，全身洋溢着活力，爱照顾人，性格外向，与人交往放得很开，不会特别自我。他们内心真实，能接受真实的自己，不以外在形象去对待任何一个人。

2. 消极的实干者

消极的实干者只从外面看自己，形式重于实质，真实内心不外露，别人很难看到他们的内心世界。他们可以从一个角色很容易转换为另一角色。他们在扮演一个社会角色的时候，过于投入角色中而无法表现出真正的自我，像是戴了面具在生活，注意力只是放在面具上，大多时候不明白自己内心真正的感受。他们只是为了扮演角色而生活，害怕与人表达真正的情感。

他们的感受只是应该有的，不是自己真实的感受，这些感受都是表面的，并没有深入他们的内心，他们很难体会到自己真实的内心。消极的实干者不会承认他们没有真实的感受，也无法察觉到自己在扮演角色，他们喜欢吹嘘自己从而加深别人对他的印象，很注意自己在别人心目中的形象。消极的实干者内心深处比较冷漠，注重表面化，以自我为中心，自恋，并且喜欢操纵他人的心情。消极的实干者在情绪上有障碍时，会对他人产生仇视的心情，但他们自己往往不知道这种仇视心情来自何处。

浪漫主义者：积极创造美 VS 消极逃避现实

1. 积极的浪漫主义者

积极的浪漫主义者能站在他人的角度考虑问题，也能体会到别人的感受。他们有着极其敏锐的感觉，有创造美的能力，并有能力将消极的变成积极的。他们常常能全身心投入到所做的事当中。他们具有很高的品味，也很有气派。

2. 消极的浪漫主义者

消极的浪漫主义者会觉得"我很特别""我很与众不同"，刻意去逃避"平凡"，总是活在多愁善感的世界里，使自己深陷在痛苦之中。他们不愿面对现实，会把注意力从现实中转移，总认为从前的情况较好，将注意力集中在过去和未来的事情上，刻意逃避当下。

他们生活在自己所设定的框架之中，如特别的、高贵的等。致使生活与现实脱节，并总认为只有自己才有欣赏美好事物的能力。当他们想回归自然的时候，又察觉到自己缺乏自然和单纯，自己和自然有很大的距离。消极的浪漫主义者常常会被哀愁、悲伤所困扰，感觉自己是个被放逐在异乡的贵族，思想总停留在过去。他们习惯用仪式、文字戏剧化地呈现与描述自己的内在心情，他们认为如果不进行强烈的描述，别人就无法了解自己。事实上他无法感觉到自己的特别。并且当他们发怒之后，又会很快变得消沉。

观察者：有创造性 VS 活在自己的想法中

1. 积极的观察者

积极的观察者有自己的见解，有敏锐的洞察力，能广泛地了解事物并深入分析，属于有创造性的思考者。他们对新事物的理解能力很强，有深度，有智能，思想丰富但不脱离现实。他们知识广博，且能够运用所拥有的知识去完成某件事情。他们会用一种轻松幽默的心态看待经历过的事情，对任何事情都能产生热情。

2. 消极的观察者

消极的观察者活在自己的想法中。他们只是去想，而不是去感觉。他们常说的一句话是"我想是什么"。他们研究很多的学问，遇到任何事都寻求理智的解答。

他们喜欢独自待着，不希望他人侵犯自己的领域。他们在生活中性格冷漠，给人一种距离感。

他们性格很柔，遇事退让，总是要靠别人才能完成任务。他们可能从现实中隐遁或孤立，会有些奇怪的强迫性观念，甚而夸大妄想。虽然他们内心渴望得到爱和温暖，但却从来不承认这种需要。

忠诚者：适当忠诚 VS 过分忠诚

1. 积极的忠诚者

积极的忠诚者人际关系处理较好，平易近人，能够和他人相互尊重、互相支持。他们能够独自完成工作，也能与他人一起默契地配合，有很强的团队合作精神。他们对自己充满信心，也信任那些值得信任的人，从他们身上能够感受到真正的安全感。他们有很多吸引人的特质，如友善、娇憨、可爱等。他们会保护与自己关系亲密和自己认同的人，和他们在一起有一种温暖的感觉，能让人产生信任和可依靠的感觉。他们会努力完成别人托付给他们的事。他们尊敬人特别是那些有权威的人，但有时他们也会成为权威的挑战者，因为他们要求权威的人真正地有权威，即领导者要有真正的领导能力。

他们对人很礼貌，能热情地关心人、招待人。他们是称职的父亲或母亲，他们不会溺爱孩子，且会合理教导孩子成长。

2. 消极的忠诚者

消极的忠诚者做一切事情都循规蹈矩，他们会牺牲一切服从规矩与条条框框，就算内心会产生反抗情绪，他们仍会将这种情绪压抑起来，继续听命。这些压抑情绪，时间久了会使他们变得消极乖戾，然后将这种消极的情绪投射在别人身上。过分忠实于团体的他们的内心会被团体中权威所控制。他们的生活教条化，会以规则、法令、公文来指导自己的行动，避免犯错。他们无法容忍矛盾的存在，对每件事都要仔细监测，做事之前会考虑到所有的不肯定。他们的这种努力会让人十分信任，但是对他们自己而言，仍觉得不够肯定，只觉得自己焦虑、空虚。他们对人总持怀疑态度，认为每个人都在不守规矩，自己是唯一守规矩的人，因此，要指责这种不守规矩的行为。他们认为最好的防卫就是攻击，只有先压住人，控制住别人，自己才能占主动地位，他们把自己相信的规则视为正确的规则，常矫枉过正。因为他们生活在自己的理想和偏见中，所以对自己的要求常常不符合人性。

消极的忠诚者害怕自己会失控，也怕被人认为失控，这种害怕近乎神经质，经常感到哪里都不安全。他们缺乏信任，不相信身边的人，只崇拜力量和美丽，需要用力量或者美丽来战胜恐惧的情绪。当他们严重缺乏安全感的时候，会选择疯狂购物。他们对周围的朋友常持怀疑态度，把朋友的关心当成一种虚伪的善意。他们时常好坏不分，没有精神支柱，猜忌心非常强，不能合理地处理矛盾，把一切正面的好事当成反面的坏事。总是想依赖权威，但依赖权威的同时又反抗权威。他们的这种反对心态很可能会破坏集体的团结。

享乐主义者：天生的乐观 VS 不顾后果的享乐

1. 积极的享乐主义者

积极的享乐主义者是所有性格类型中最快乐的一种，他们能充分享受生活，沉醉在愉悦的生活氛围之中，是天生的乐观派。他们的身上始终散发着轻松愉快的活力，这种活力能感染他人，使他人也得到快乐。他们极具幽默感，很会感染和带动人，适合做司仪。他们很会欣赏大自然及周围的世界，能用乐观的眼光看到每件事物美好的一面，并且能接受任何东西，要求不多，不贪心。就算他们面临不幸的事情，也能用乐观的心态去面对，并能很快重新找到快乐。他们生活在当下，对生命抱着感恩之心。遇到问题，他们不仅会思考应对方法，还会付出积极的行动去解决。他们多才多艺，很容易得到快乐，是世界上美的编辑者。

2. 消极的享乐主义者

消极的享乐主义者无法容忍心理和生理上的痛苦，就算是事情做得不对，他们也不愿承认。他们认为每件事都很容易、轻松。他们大多在童年时期经历过生活巨变，突如其来的改变让他们失去原本应该有的快乐，所以他们在成年后放纵自己的欲求，变得很贪心，想要恢复从前的快乐。他们贪求一切物质享受，过度索求，如看到酒就要喝够，看到喜欢的衣物就要买。是强迫性的乐观者，嘴边经常说的一句话就是"这很好玩"，他们认为每件事都很快乐，很奇妙，每次旅行都充满欢乐。他们不会实际地看未来，总是凭空幻想，期待美好的未来。他们认为今天好，明天会更好，但实际上什么也不好。而且他们常把过去抓得很紧，总是回忆过去的美好，并加剧对过去痛苦的回味。

消极的享乐主义者的人格组成较肤浅，如果他们对一件事能发表意见，就会对这件事产生兴趣。但若要专注地投入某件事，又会觉得厌倦乏味，会尽快转换话题，做什么事都是三分钟热度。因此消极的享乐主义者总是在计划，但很少真正去做，对每件事都能很快产生兴趣，却都不能持久。他们常常逃避现实生活，逃到自己的计划、方案中而忽略现实，也常活在过去和未来当中，无法意识到计划和现实的不同。

指导者：控制自己 VS 掌控他人

1. 积极的指导者

积极的指导者能掌握自己的行为和情绪，不会控制他人。在遇到问题时，能清楚问题的现实性，同时也能看到问题的本质。他们能看到别人看不到的地方，提出的建议极具建设性与权威性。他们工作十分认真，喜欢向困难发起挑战，遇强越强，活力十足。积极的指导者能化解心中的怒火。他们是诚实的，值得他人信赖，同时他们不能容忍他人的欺骗。他们懂得给予他人适当的压力用来帮助他人成长，是团队中最具潜质的领袖人物。他们保持乐观向上的心态，对生命抱以积极的态度，宽容大度，果断勇敢。他们为人比较直接，不复杂，让人感到安全。人们常常将他们视为英雄人物，对他们尊敬有加。

2. 消极的指导者

消极的指导者具有攻击性和破坏性，十分自负，听不进他人的意见。同时他们喜欢操纵他人，无视他人正当的需求及权利，有时候为达到目的会不择手段。他们经常会有抗拒、不合作的行为，并且好胜心极强，以争斗为荣。他们很会做事，也很有权威。他们内心脆弱的一面从不表现出来，也很少表达自己的内心需求。

消极的指导者难以看清事情的现实面，需要有别人的肯定。当有人否定他们的时候，他们会觉得威信和威严受到挑战，会显得情绪激动，用较大的声音与人争执和反驳。遇到烦心的事情时，会突然脾气爆发。如果他们带的团队成绩不理想，特别是得不到上级肯定时，情绪会非常失落。消极的指导者拒绝倾听，如果他人获得成绩或肯定，就会产生嫉妒甚至是憎恨。他们喜欢帮助弱势的一方，但常会为了保护弱者做出欺压另一方的不平之事。

调停者：和平的使者 VS 过滤冲突者

1. 积极的调停者

积极的调停者遇事冷静，不轻易冲动。他们很好相处，给他人一种平稳的感觉，能稳定他人的情绪。他们是值得信赖的人。他们善于和不好相处的人交往，能客观倾听别人的内心，是一个很好的聆听者。他们性格温和，能给人带来喜悦，是和平的使者。他们能与人坦诚相见，能接纳不同的意见。他们诚实，不自私，能为他人付出。

积极的调停者还是解决矛盾的高手。他们内心安宁，能够安抚他人的情绪。他们做事麻利，而且谦虚朴实。他们将中庸的性格发挥得淋漓尽致，能成为最杰出的团队管理者。他们人缘非常好，内心善良而不虚伪，能真诚地关心别人，会受到团体中所有人的尊重。他们能用自己善良宽容的心改变当下的环境。

2. 消极的调停者

消极的调停者能压抑自己的内心感受，会把内在的冲突处理得干干净净，使自己不受伤害。他们在遇到外在的冲突时，会将自己完全隔离起来，以免外在的冲突影响到自己内在的平静，以此成功地保住自己平静的生活。他们很少能感受到生活中的痛苦。工作中，他们倾向于做那些舒适、简单的事。

消极的调停者看上去没有活力，他们需要外在的刺激才会有所行动。当受到外在的刺激时，他们会将小事看成大事，对一些不重要的事，大动干戈。他们很难意识到事情的重要性。他们在内心产生焦虑的时候，从不表现出来。当别人倾诉时，他们好像在倾听，但不会用心去感受别人的倾诉。他们内心较麻木，很难被情感、刺激等所影响，看上去面无表情。

消极的调停者常常主次不分，他们会搜集大量的信息，但是还怕生活中出现矛盾。他们做事行动缓慢，往往需要大量的物质和信息来填补自己迷茫的内心。若有愤怒情绪，他们会压制在自己的心里。他们好像找不到自我，他们的目标不清晰，因此生活也很迷茫，仿佛找不到出路，其实是因为他们从来都不了解自己真正的需要。

第九章

修炼自我性格
——躲开性格心理的雷区

性格有两面性，优势与劣势只有一线之隔。要想提升自我，我们就要学会避开性格中劣势的部分，将其转化为优势。对于九型人格中的任何一种，我们都可以躲开性格心理的雷区，修炼自我性格，成为更好的自己。

少一点内心戏，多一点脚踏实地

人们总结自我型的人的特点：忠于自己的感受，凭感觉做事，追求心灵刺激，自我，幻想力强，感性。他们的心中常有一句话："我就是我的感受，我的感受就是我。"可以说，自我型人的感受非笔墨可以形容，别人明白就明白，不明白就不明白。事实上，他们也希望别人明白自己，但实在没有太多人能够明白。不少具有此类特质的人会成为艺术工作者，因为艺术工作者非常需要感性。

自我型的人多愁善感且想象力丰富，常会沉醉于自己的想象世界里，是浪漫主义者。另外，由于他们是由感情主导的人，有些工作他们不喜欢就可能会放弃不做，不会考虑责任的问题。

《项链》是法国作家莫泊桑的短篇小说，故事情节并不复杂。

教育部小职员的妻子玛蒂尔德爱慕虚荣，追求高雅乃至奢华的生活，但家境只能让她生活在梦幻中。丈夫为了让妻子开心，好不容易弄到教育部部长夫妇家庭晚会的请柬。为了出席这个舞会，玛蒂尔德向朋友福雷斯杰夫人借了一条钻石项链。晚会上，玛蒂尔德

获得了成功，"她比所有的女宾都漂亮、高雅、迷人"。然而，乐极生悲，她不小心将借来的钻石项链弄丢了。为了偿还购买项链的借债，夫妻俩辛辛苦苦地劳作了十年。玛蒂尔德变成了一个粗壮耐劳的妇女。路遇时，多年的老朋友竟认不出她了。玛蒂尔德向福雷斯杰夫人讲出了十年不平常的经历，福雷斯杰夫人听后感动极了，却出人意料地告诉她，借给她的那条项链是最多值500法郎的假钻石项链。

玛蒂尔德可以说是一个具有浪漫主义的人。她幻想拥有富裕的生活，却又不得不屈从于现实。但值得钦佩的是，当困境来临时，她却有着面对的勇气。起初，玛蒂尔德迷恋上流社会，以为"她生来就是为过着高雅和奢华的生活"，她梦想着宽敞的客厅、精美的晚餐、漂亮的服装，希望自己能够得人欢心，被人艳羡，具有诱惑力而被人追求。这既是商业社会由于贫富差异造成的一部分人的心理特征，同时也是人性使然。谁不梦想过高雅的生活呢？然而，玛蒂尔德从来没有想通过侵占他人的劳动成果来实现自己的梦想，相反，当厄运降临时，她毅然放弃了不切实际的幻想，以自己的劳动迎接命运的挑战。

玛蒂尔德丢失借来的项链，尽管既无借据又无旁证，她却压根儿没想到过赖账，丈夫提出"应该想法赔偿这件首饰了"，她没半点犹豫。他们动用了仅有的1.8万法郎遗产，又借高利贷1.8万法郎，买了一条几乎完全相同的钻石项链归还给福雷斯杰夫人。

面对厄运，玛蒂尔德至少有两条路可供挑选：一是凭着她"美丽动人"的"唯一资格",出卖灵肉,换来大把大把的金钱;二是踏实劳动还清债务。玛蒂尔德没有出卖人格与尊严,选择了勤劳还债的道路:"她一下子显出了英雄气概","辞退了女仆,迁移了住所,租赁了一个小阁楼住下"。她做饭、洗衣、打扫厨房,包揽了家里一切粗活儿,"她穿得像一个穷苦的女人,胳膊上挎着篮子,到水果店里、杂货店里、肉铺里争价钱、受嘲骂,一个铜子一个铜子地节省她那艰难的钱"。

写到这里,也许有人会问,玛蒂尔德付出10年辛苦,她得到了什么,值不值?作者也想到了这一点,情不自禁地发出感叹:"要是那时候没有丢掉那条项链,她现在是怎么样一个境况呢?""人生是多么奇怪,多么变幻无常啊,极细小的一件事可以败坏你,也可以成全你。"其实故事本身不难找出答案。

假如玛蒂尔德没有丢失那条项链,那么她仍旧生活在梦幻中"不断地感到痛苦","住宅的寒碜,墙壁的黯淡,家具的破旧,衣料的粗陋,都使她苦恼",连"有钱的女朋友也不想看望,因为看望回来就会感到十分痛苦"。"由于伤心、悔恨、失望、困苦,她常常整天地哭好几天。"没有欢乐与微笑,她的青春将在伤心的泪水中失掉光彩。而后来为了还债,她开始脚踏实地地劳动了,"她胡乱地挽着头发,歪斜地系着裙子,露着一双通红的手,高声大气地说话,用大桶的水刷洗地板"。她虽然变成了粗壮妇女,却能迎着依然年轻美丽的福雷斯杰夫人"走上前去",告诉她丢失项链的真相,说:"事情到底了结了,我倒很高兴了。"并且"带着天真的得意的神情笑了"。

丢失项链是败坏了她还是成全了她？假如玛蒂尔德赖账，拒不归还项链，朋友反目，自己变成了没有信用的人；或者假如玛蒂尔德从此出卖灵肉，变成没有尊严的女人，家庭破裂，世人鄙视，那么，丢失项链就是败坏了她。

然而，玛蒂尔德在10年辛劳中获得了新生——由以泪洗面的弱者转变为粗壮耐劳的强者，赢得了丈夫的真爱和朋友的尊重，这就足够了。

所以说，自我型的人如果能早一点抛弃幻想，早一点脚踏实地、务实求真、从小事做起，那将会早一点获得更多的幸福。

打开封闭的内心，方可赢得更多的好感

有人说，假如观察型的人的才能配上自我型的人的情商，那他们一定会成为职场中最成功的领导了。如果观察型的人具备了自我型的人的人情味，懂得"思下属之所思，想下属之所想"，他们必然会得到下属衷心的支持和拥戴。在生活中，这种能力超群，又不乏情感的观察型的人更会成为每个女人（男人）向往的伴侣。

可惜这一切只是人们的想象，观察型就是观察型，他们永远不会成为其与自我型的组合体。但是，现实可以让观察型的人意识到自己性格的不足，然后进行弥补、改变，从而突破自己的不足，逐渐向完美靠拢。

在一家外企做部门主管的刘志，是一个典型的观察型的人。他热爱自己的工作，凭借聪明的头脑多次受到上级的夸奖。但他的成功仅限于个人的成功，他所领导的部门并不是一个和他个人一样出色的团体。逐渐地，刘志的下属职员流失了大半，大家宁愿调到差点的部门也不愿意在刘志手下做事。公司管理层了解到这种情况，觉得是刘志的管理出了问题，可是管理层又不想轻易地换掉刘志，毕竟他是公认的很有头脑的人，只好向刘志的下属调查问题所在。

据刘志的下属反映，他们很欣赏刘志的办事能力，但是总觉得刘志不太尊重大家。刘志从来不会像其他主管那样，想着和下属团队合作，共同努力。他只会把下属的报告修改或者重写，却不会主动和下属就工作中的问题进行沟通。刘志只注重自己的工作，却不曾想过为手下的员工争取应得的福利，更不会帮助下属进行职业规划。

了解到这些情况，管理层知道确实是刘志的领导存在问题。但管理层也知道刘志是一个不愿意别人插手他工作的人，这些情况只能靠刘志自己去领悟，然后改正。于是，管理层只好忠告了刘志几句，然后将他调到技术部门。

这个故事告诉观察型的人，要注意在工作中与人合作。有时候将责任分担到团队成员的肩上要比独揽大权更有利于实现个人的想法。观察型的人还要明白，当你身处高位时，所代表的是一个团体的利益，必须要从大局出发，而不仅是满足个人所求。只有这样，观察型的人才有可能成为一个得到下属支持的领导。

此外，有着不凡想法的观察型的人要学会表现自己，别总是安全隐秘地行事，要让别人了解你真实的情感和想法。与此同时，观察型的人还应该学会倾听别人的想法，不要一味地按照自己的思维行事，尽量改掉别人发表意见时只独自思考个人观点的毛病。这不但能开阔观察型的人自身的思维，同时也是对他人的一种尊重。

放下忧虑，才能离快乐更近

通常情况下，忠诚型的人都比较胆小，他们从小害怕被父母抛弃，所以选择听话、顺从。基于这种心理，忠诚型的人总是患得患失，在没有得到的时候，担心得不到，得到之后又害怕会失去，他们的心就像钟摆一样在得失之间摇摆不定，非常痛苦。其实，在得失之间，我们完全可以淡泊一些，何必要用得失做一个囚笼，将自己的心囚禁于其中！对忠诚型的人来说，阻碍他们快乐的根源就是忧虑。

有这样一段话：

不要为明天忧虑，天上的飞鸟，不耕种也不收获，上天尚且要养活它；田野里的百合花，从不忧虑它能不能开花，是不是可以开得和其他花一样美，但是它就自然地开花了，开得比所罗门皇冠上的珍珠还美。你呢，忧虑什么呢？人比飞鸟和百合花贵重多了，上帝会弃你不顾吗？

其实，这段话对忠诚型的人非常适用，但是他心里必须坚信权威人物是存在的，只有权威人物的存在，给予其保护，他才有安全感，才会减少忧虑。可是在现实生活中，这种权威人物是很难找到的。所以，忠诚型的人必须得自己来打开自己的心结，学会抛开忧虑，快乐地生活。

有一个人办了一家企业，因为工作不顺利，所以她非常焦虑。一段时间后，她问自己："最坏又能怎么样？我会死吗？当然不会，最多是负债累累、公司倒闭而已，我还可以活着，还有机会东山再起。"于是她的忧虑减轻了，她开始以轻松的心态工作，半年后她的公司扭亏为盈了。

忠诚型的人应该学习一下这种做法，认识到自己所持的那些忧虑的荒谬之处，为此可反复追问自己："我忧虑有什么用？"一旦把畏惧和担忧分解后，你就该问问自己："最好的结果会是什么？最坏的结果会是什么？"采用"接受最坏结果"的方法，这样你会发现原来的忧虑并不是不可征服。你可以常常向自己提出这样的问题："我可能遇到的最糟糕的事情是什么？这种事情发生的可能性有多大？"如果你必须接受这个结果的话，就准备接受它，最后镇定地想办法改善最坏的情况。

遇到事情时，不去想结果，就会避免想失败了会怎么样，这样可以减少忧虑的心情。

倘若一个人敢于用自信的姿态迎接一切厄运，用坦然的心境承受一切苦难，纵然没有鲜花、没有掌声，幸福和快乐照样盈满心间。忠诚型的人应该明白这个道理，应该具备让自己快乐的能力。当然，这也不可以操之过急，可以从工作和生活中的小事，从一点一滴处做起。

小月是一个爱忧虑的人，碰到任何事、任何人，她都会设想出很多种可能的结果，很多种别人可能对她的态度，多年来这种忧虑已经变成她生活的一部分。她知道自己活得累，但是不知道怎么改变，或者从未下决心改变，只是按照习惯在生活。

为了改变自己，小月找到了一份推销化妆品的工作，她有时会上门推销，有时会通过讲美容课来推销。这种工作使她的忧虑有增无减，因为没有别人可以依赖，事情的结局又完全没法预测，她几乎整天都在忧虑中度过，有时夜里也无法入睡。她想象别人拒绝的语言、厌烦的感觉、尴尬的表情……这一切她仿佛能够看到并清晰地感受到。她心中充满了惧怕和担忧，内心世界纷乱复杂。

后来，经过不断的心理斗争，她开始安慰自己，将对自己工作的期望值降到最低，并在一次次的痛苦中调试自己的心态。她认为自己工作的初衷是要改变自己，培养快乐的能力，不能把卖多少产品、挣多少钱当作压力，这会阻碍自己的快乐。

于是，她就试着满心欢喜地上完一堂美容课，然后心平气和地将她的美容产品介绍给客户，再心平气和地等待对方的决定，适当地给以提醒，但是，她不会勉强，不会给对方压力，不会想尽办法，非得把让客户买下自己的产品。也许，她会因此暂时得不到这个客户，但是，她相信，她在对方心里埋下了一粒种子，它会待在那里，一旦时机成熟，说不定哪天客户需要这个美容产品，就会来找她。通过这种方式，小月的忧虑减少了，工作也越来越舒心。

对于忧虑的人来说，对于无法改变的事情，可以采取听天由命的心态，或者把其想象得最糟，然后降低期望值，这样可以减少忧虑，找回自己的快乐。

放弃固执，灵活应变才是解决问题之道

领导型的人一向有话直说，他们讨厌拐弯抹角，但是，任何事物的发展都不是一条直线，真正的聪明人能看到直中之曲和曲中之直，并不失时机地把握事物迂回发展的规律，通过迂回应变，达到既定的目标。如果领导型的人希望自己事业有成，那么就应该学会变通，在撞了南墙之后要细细思量，如认定确实走不通，就要及早回头，寻找新的出路。

顺治元年（1644年），清王朝迁都北京以后，摄政王多尔衮便着手进行武力统一全国的战略部署。当时的军事形势是：农民军李自成部和张献忠部共有兵力40余万；刚建立起来的南明弘光政权，汇集江淮以南各镇兵力，也不下50万人，并雄踞长江天险，而清军不过20万人。如果在辽阔的中原同诸多对手作战，清军兵力明显不足，况且迁都之初，人心不稳，弄不好会造成顾此失彼的局面。

多尔衮审时度势，机智灵活地采取了以迂为直的策略。先怀柔南明政权，集中力量攻击农民军。南明政权果然放松了对清王朝的警惕，不但不再抵抗清兵，反而派使臣携带大量金银财物，到北京与清廷谈判，向清求和。这样一来，多尔衮在政治上、军事上都取得了主动地位。

同年七月，多尔衮对农民军的进攻取得了很大进展，后方亦趋稳固。此时，多尔衮认为最后消灭明朝的时机已经到来，于是，发起了对南明的进攻。

当清军在南方的高压政策和暴行受阻时，多尔衮又施以迂为直之术。派明朝降将、汉人大学士洪承畴招抚江南。

顺治五年（1648年），多尔衮以他的谋略和气魄，基本上完成了清朝在全国的统治。

梁启超说"变则通，通则久。"知变与应变的能力是一个人的素质问题，同时也是现代社会办事能力高下的一个很重要的考察标准。办事时要学会变通，放弃毫无意义的固执，这样才能更好地办成事情。有些问题从表面上看来，似乎无法解决，但若能变换一种角度，用新的思维去看待，就会柳暗花明。随机应变，灵活变通是一种智慧，这种智慧让人受益匪浅。

孙膑是我国古代著名的军事家，他的《孙膑兵法》到处蕴含着变通的哲学。孙膑本人也是一个善于变通的人。

孙膑初到魏国时，魏王要考查一下他的本事，以确定他是否真的有才华。

一次，魏王召集众臣，当面考查孙膑的智谋。

魏王坐在宝座上，对孙膑说："你有什么办法让我从座位上下来吗？"

庞涓出谋划策说："可在大王座位下生起火来。"

魏王说："不行。"

孙膑说："大王坐在上面嘛，我是没有办法让大王下来的。不过，大王如果是在下面，我却有办法让大王坐上去。"

魏王听了，得意扬扬地说："那好。"说着就从座位上走了下来。"我倒要看看你有什么办法让我坐上去。"

周围的大臣一时没有反应过来，也都嘲笑孙膑不自量力，等着看他出洋相。这时候，孙膑却哈哈大笑起来，说："我虽然无法让大王坐上去，却已经让大王从座位上下来了。"

这时，大家才恍然大悟，对孙膑的才华连连称赞。

魏王也对孙膑刮目相看，孙膑很快就得到魏王的重用。

实践证明，每个人时时刻刻都在寻求变通。所不同的是，善于变通的人越变越好，而不善于变通的人却是越变越差。我们只要掌握了变通之道，就会应对各种变化，在变化中寻找到机会，在变化中取得成功。

勇敢说"不"，不要让面子害了你

当你要好的朋友热情邀请你周末和他一起去逛街，而你本来打算周末陪爸爸妈妈一起去爬山，这时你该如何拒绝他？

你正在加班加点地忙一项很重要的工作，你的上司又让你帮另一个同事完成他没有完成的工作，这时你是否要拒绝上司的要求？

你的一个普通朋友来找你借钱，而你准备将手头的钱拿来做一项很看好的投资，这时你又该如何去拒绝？

生活中像这样的事情时时刻刻都在发生，尤其对于和平型的人来说，拒绝他人成了他们最头疼的事情。当别人对他们提出要求的时候，本来想拒绝，但碍于情面最终难以将"不"说出口。

从心理学角度来看，害怕说"不"，是因为没有建立起健全的界限意识。界限不仅包括生理的，也包括心理上的，是一种拒绝可能对自己的身心造成伤害的事情的能力。这种界限可以帮助我们保护自己的时间、隐私、财富和健康，也能保障我们在社会中获得最基本的礼遇和尊重。

　　某市龙头企业S金融公司招聘一名业务专员，公司副总从五十多名应聘者中挑选出两名年轻人——秦凯和肖卫。这两个年轻人业务能力都很强，公司副总一时难以取舍，决定在试用期对二人先考察一番，再决定谁去谁留。

　　在进入S公司之后，向来头脑活跃的肖卫便开始积极准备了。他认为想要在S公司留下来，必须要搞好与同事和上司的关系，只要笼络了人心，到时候留下来的就非自己莫属了。所以，在试用期阶段，他遇到什么事都特别积极，比如同事让他帮忙做卫生、打印文件等，他都来者不拒。同事们看到这个年轻人这么勤快，自然十分高兴，渐渐地，公司一些杂活都由他包揽了：打扫卫生，接电话，打印文件，有时候同事们甚至将买早餐、接孩子这类工作之外的事也都交给他去做。肖卫为了混个好人缘，自然是不好意思拒绝，整天忙得不亦乐乎。

　　秦凯就不同了，进公司之后，一心干自己的工作，有人请他帮忙，他总以自己工作没做完为理由拒绝了，同事在遭到拒绝之后，渐渐地也不找他帮忙了。因此，肖卫在同事间的人缘越来越好了。

　　转眼间，两个月的试用期到了，终于等来了决定谁去谁留的时候。这天早上刚上班，秦凯就被副总叫进办公室，肖卫看着离去的秦凯，心里暗暗得意："看你平时只顾埋头干活，人缘那么差，这次留下来的肯定是我了。"

　　过了一会儿，秦凯从副总办公室走出来，并开始收拾自己桌上的东西。这一切似乎都在肖卫的意料之中，肖卫正要走上前安慰一番，却发现情况好像不对，他看到秦凯正把自己桌子上的东西搬到另一张办公桌上，而那张桌子就是公司为正式员工准备的。

"难道他被录取了？不可能！"就在肖卫倍感疑惑的时候，有人叫他，说副总让他去一趟办公室。怀着惴惴不安的心情，肖卫走进副总的办公室。

"肖卫，你这两个月在公司的表现很好，同事们对你的评价相当高。你是一个热心肠的人，就冲着你这份热心，我真的很想把你留下来。但是，公司需要的可不是只会干杂活的人，我们更看重的是工作上的成绩。所以，很遗憾，我们决定暂不录用你。希望你在新的公司能有更好的发展……"

故事中的肖卫当属典型的和平型的人，事事都怕得罪人，总想和每个人都搞好关系，结果适得其反，与好工作失之交臂。生活与工作中，搞好人际关系固然重要，但这并不代表我们任何时候都要对他人的要求全盘接受。

调停者这种"来者不拒"的心理，只会让自己在生活与工作中压力越来越大，直至不堪重负。所以，有时候对于不合乎情理的要求，调停者们应该学会拒绝，学会说"不"，这样将会使自己在生活与工作的道路上走得更加轻松。

当然，说"不"并不代表就要严词拒绝，怎么拒绝既能达到自己的目的，又能让他人乐于接受呢？不妨学学下面这几种说"不"的技巧。

1. 心存感激地拒绝

很多时候，由于对方信任你，所以才会托付你去做某件事。

这时候我们首先要对对方的信任表示感激，然后和颜悦色地拒绝，让对方知道，你拒绝的不是他这个人，而是这件事情让你确实很为难。

2. 先否定后肯定

很多时候我们可以采用先否定后肯定的方法来拒绝别人。比如你很要好的朋友约你周末一起逛街，但是你正好有别的计划，这时你可以先说："对不起，我答应爸爸妈妈这个周末陪他们一起去爬山。"接着，表达你的拒绝："所以这个周末我不能陪你去逛街了。"最后再来个转折，以一个肯定的方式来结尾："我想下个周末如果你有空，我们再好好逛一下，怎么样？"

3. 给对方一个台阶下

每个人都有自尊心，如果我们直接拒绝对方，不留一点余地，难免会使对方难堪，从而引起对方的反感。因此，有些情况，不要一开口就说"不"，应该尊重对方的愿望，先同情、安慰一番，然后再说出自己无法接受的理由。要让对方感受到你的诚意，同时他也不会觉得难堪。这样他在欣然接受的时候，说不定还会对你心生感激。

微表情里读性格

——一分钟看透他人性格心理

在生活中，我们不仅要对自己的性格了如指掌，还要了解他人的性格。一个人的性格常常会表现在自己的一颦一笑、一言一行中。因此，我们要学会察言观色，通过对方的微表情了解他的性格，以便更好地与他人交往。

透过眼神，同样可以读懂对方

在社会生活中，如果一个人的内心有欲望或情感，必然会表露于视线中。因此，如何透过视线的活动了解他人的心态，对人与人之间在交往中的心理沟通具有重要意义。

眼睛是一个人心灵的窗户，眼神是一个人行为的缩影。从一个人的眼神中，大致可以看出这个人想要做什么。

1. 眼睛感觉领域涵盖了所有感觉的70%以上

以品尝食物为例，我们绝不会只注重食物的味觉，而是会同时注重食物的颜色，以及装盛方式或排列方法等，这些都是视觉影响心理的现象。

假使我们在阴暗的房间里用餐，即使面对的是美味佳肴，也会产生不安的感觉，使我们无心品尝，甚而胃口大减。反之，在整洁、明亮、灯光柔和、食物装盛器皿精致的餐厅进餐，就会使人产生良好的就餐情绪。可见，视觉位居"五官之王"，足以支配其他感官。的确，从医学角度看，眼睛是人类五官中最灵敏的，其感觉领域涵盖了所有感觉的70%以上。

对于眼神的作用，早在春秋战国时期，孟子就曾做过精辟的阐述，他说："存乎人者，莫良于眸子。眸子不能掩其恶。胸中正，则眸子了焉；胸中不正，则眸子眊焉。"这说明眼睛一定程度上是判断人心善恶的基准。

2. 一个人被别人看久了，会觉得被看穿内心或被侵犯隐私权

不相识的人，在彼此视线偶然相交的时候，会立刻移开。这是由于一个人被别人看久了，会觉得被看穿内心或被侵犯隐私权。

当我们在等公共汽车或站在影剧院门口排队买票时，多为背向后面的人，这种表现为人们所司空见惯，这样做，不仅是为了往前进，也是为了避免同不相识的人视线相交。

但也有面对面者，这些人多为朋友、夫妻、亲人、恋人等。这些人会彼此默许自己的隐私权受到某种程度的侵犯，因此，他们偶尔会视线交错，便于相互言谈。

因此，我们可以判断：相识者彼此视线相交之际，即表示为有意进行心理沟通。

3. 对异性瞄上一眼之后，闭上眼睛，即表明"我相信你，不怕你"

在乘坐公共汽车或在公共场所看见一位年轻帅气的男性时，几乎所有人的眼光都会集中在他的身上，但年轻的女性往往会很快把脸扭向一旁。她们虽然也感兴趣，但是基于强烈的压抑作用而产生自制行为。假使兴趣增大时，她们便会用斜视偷看。这是因为她们想看清对方，却又不愿让对方知道自己的心思的缘故。

在交往活动中，通过观察人的视线方向，也能透视人的心态。

在交往的过程中，如果面对异性，只瞄上一眼，便故意把视线移开的人，大都是因为对对方有着强烈的兴趣。

行为学家亚宾·高曼通过研究认为：对异性瞄上一眼之后，闭上眼睛，即是一种"我相信你，不怕你"的体态语。所以，当看异性时，闭上眼睛后，再翻眼望一望比故意把视线离开，更能得到尊敬与信赖。尤其当女性这样看男性的时候，便可认为有交往的可能。

4. 性格内向的人，大都无法一直注视对方

美国的比较心理学家理查·科斯曾做过一种实验，让患有强度"自闭症"的儿童与陌生的成年人见面，以观测他面对成年人时间的长度。将成年人的眼睛蒙起与不蒙的两种情况相比较，发现儿童注视前者的时间，居然为后者的三倍。这就是说，双方眼光一接触，儿童会立刻移开视线。

怎样透过眼神读懂对方，这是一个很深的并且值得去探寻的问题，当我们和陌生人第一次见面的时候，彼此都不了解，除了从话语中去了解之外，就必须要看得懂他的眼神了，这样至少可以让你有个初步的认识，不至于影响了彼此以后的谈话。

看发型，辨识对方真性情

俗话说"相由心生"，人的相貌其实也是心性的外在体现，人的外表、长相甚至是头发都能透露出一个人的性格。一个人的头发除了发质之外，最让我们一目了然的是这个人的发型，发型就是修饰一个人脸型的良好手段。一个人想在他人面前营造什么样的形象，可能就会留什么样的发型。

1. 头发总是梳理得很齐整光亮的人

这种人可能很注重外在形象，爱面子甚至有点虚荣，对事物也比较挑剔，喜欢吹毛求疵，有点完美主义倾向。

2. 头发自然随意，没有明显的修理的人

这种人不看重外表的东西，喜欢内在的收获。他们当中很多人可能是工作狂，拼命工作，希望获得上司的认可。

3. 经常留短发的人

这种人做事情干脆直接，有些人可能会比较骄傲，常会满足于现状；有些人看重自己的感受，以自我为中心。

4. 喜欢赶时髦的人

留时尚发型的人可能小资情绪比较重，喜欢他人的夸奖和表扬，总是想赶在事物的前面。年轻人表现会很前卫，中年人则表现得很有活力，喜欢和别人沟通，有着良好的处理人际关系的技巧。

5. 头发自然卷的人

这种人一般都有很强的个性，喜欢表现自己，常常给别人带来意想不到的惊喜。

6. 头发稍秃的人

这种人做事情很勤奋，对待工作认真，对自己本分内的事情具有很强的责任感。

不同的握手方式，代表不同的性格

握手是来自欧洲的一种礼仪习惯，现在已经变成了一种世界性的社交礼仪。曾经有一位美国心理学家研究指出，一个人握手的方式可以反映出这个人的性格。以下有8种不同类型的握手方式，分别代表着8种不同性格类型的人。

1. 沉稳专注型

在握手的时候力度适中，动作也很沉稳，而且双眼会注视对方，这一类型人的个性都比较坦率，很有责任感，给人十分可靠的感觉。他们心思缜密，非常擅长推理，会经常提出一些有建设性的意见，因此深得很多人的信赖。

2. 两手并用型

在和人握手的时候喜欢两只手一起握住对方。这种类型的人十分热忱温厚，心地很善良，会对朋友推心置腹，爱憎分明。

3. 长握不舍型

在握手的时候，会握着对方很久都不松开。这一类别的人通常情感比较丰富，喜欢结交朋友，一旦和他人建立起友谊就会忠诚不渝。

4. 不愿握手型

这一类型的人不愿意和他人握手，他们的个性一般较内向，胆怯。虽然他们性格保守，但是情感很真挚，不会轻易地付出感情，但是一旦有了情谊之后，这份情谊（无论是爱情还是友情）会比金坚，不论是对爱人还是朋友。

5. 摧筋裂骨式

在握手时，会紧紧抓着对方的手掌，并用很大的力度挤捏，使对方感到疼痛。这一类型的人精力充沛，自信心很强，是一个独断专行的人，但是在领导和组织方面才能出众，比较适合做领袖。

6. 漫不经心型

握手的时候力度十分轻，只是轻柔地接触握着。这一类型的人性格随和豁达，不是一个偏执的人，非常洒脱，十分谦和。

7. 用指抓握型

在握手的时候，只用手指的部位握住对方的手掌心，不和对方有过多的接触。这一类型的人一般比较敏感，情绪容易激动，但其实个性平和，心地比较善良，有同情心。

8. 上下摇摆型

在握手的时候，紧紧握住对方并且会不停地上下摇动。这一类型的人非常乐观，他们对人生充满希望，因为积极热诚，所以经常会成为焦点或中心人物，受到他人仰赖。

观察走姿，透视对方的真实个性

通过走姿观察人，世界各国古已有之。观察一个人怎样走路，并从走姿中透视其内心，你肯定会觉得妙趣横生。

1. 步伐平缓

这是典型的现实主义派。他们凡事讲求稳重，绝不好高骛远。如果他们在事业上得到提拔和重视，也许并不是他们有什么"后台"，而是他们那种务实的精神给自己创造的条件。他们一般不轻易相信别人，把他们作为朋友相当不错，因为他们特别重信义、守承诺。

2. 步伐急促

这类人是典型的行动主义者，大多数精力充沛、精明能干，敢于面对现实生活中的各种挑战。如果你的下属里有这样的人，应该努力发现他们的优点，他们适应能力特别强，尤其是凡事讲求效率。如果你交给他某项工作，他一定会用最短的时间做到令你满意。他们的另一个特点是敢于承担责任。因此，很多人愿把他们作为可靠的朋友。

3. 身体前倾

这类人的性格较为温柔和内向，见到潇洒的男性或漂亮的女性时多半会脸红，但他们为人谦虚，一般都有良好的自身修养。他们不花言巧语，非常珍惜自己的友谊和感情，只是平常不苟言笑，很难与人来往。他们很容易受到伤害，而且不愿向人倾诉，一个人生闷气。

4. 昂首挺胸

这类人爱以自我为中心，淡于人际交往，不轻易投靠和求助别人。他们思维敏捷，做事条理性强，考虑问题比较全面。他们习惯于修整仪容，衣服整洁，时刻使自己保持完美的形象。这类人的最大弱点是羞怯和缺乏坚强的毅力。经常看到他们有很多宏伟的计划，却很难发现他们有成功的事业。

5. 走路摇摆

这类走姿的人看似行为放荡不羁，但他们待人热情诚恳，处事坦荡无私，心地善良，很容易与人相处，大凡社交场合总是他们的主场。日常生活中他们总爱出风头，经常不知是有意还是无意地取笑别人，但他们对爱情和婚姻却相当谨慎。

6. 军事步伐

这种人意志力较强，他们选定的目标一般不会因外在环境和事物的变化而受影响。这类人如果能充分发挥自己的长处，一定收效颇丰，因为他们对事业的执着是其他类型的人不可比拟的。

7. 踱方步的人

迈着这种步态的人是非常稳重的，他们认为面对任何困难时，最重要的是保持清醒的头脑，不希望被任何带有感情色彩的东西左右自己的分析力和判断力。

8. 多变型

表现为双足与双手挥动不均，步伐长短不齐，频率复杂。这种人，做事不负责任，善忘，多疑。

9. 吊脚型

步姿轻娆，脚趾头俱不着地，身躯飘浮。这种人狡猾，头脑冷静，聪明而不能善用，肯帮助别人，却向别人索取高昂的代价。

观察睡姿，推测对方的性格倾向

睡觉是每个人必需的一个休息过程，不同的人有着不同的睡觉姿势，有的人喜欢平躺，有的人喜欢侧睡，还有人喜欢趴着。心理学家发现不同的睡觉姿势可以展现出人们不同的性格，你是一个什么样的人呢，一起看看吧！

1. 侧睡——蜷缩着身体

这种睡姿明显地表现出你的不安全感，所以你会产生自私、妒忌和报复的心态。因为你非常容易发脾气，所以围绕在你身旁的人们都要非常小心，避免去触动你的痛处而激怒你。

2. 侧睡——弯曲一个膝盖

你的个性有点倾向于容易大惊小怪，而且难以取悦。你总喜欢发牢骚、抱怨。

所以，你的另外一个别名可能就叫作紧张。你很容易就将神经紧绷，或对小事做出过度的反应。你必须要告诉自己，生活其实没什么了不起！学着去放松吧。

3．侧睡——头枕在自己的胳臂上

与身体蜷缩的睡姿相反，你是一个温文有礼、诚恳可爱的人。但是，没有什么事是完美无缺的。你生活的重心必须从建立自信心开始，学习去接受错误与不完美，去明了这其实是自我成长的代价，如此幸福才会到来。

4．侧睡——侧躺在一边

这种睡姿显示出你是一个自信的人。由于你努力不辍，所以，不管你做什么事都会成功。

5．平躺——四肢呈大字形

这种姿势展现出你真诚的个性。你是一个令人感觉到舒适的人，是美的崇拜者，但你也是一个挥霍无度的人。你还有另外一种令人不快的特点——有好管闲事的心态，而且更糟糕的是，你比较喜欢说长道短。

6．平躺——双臂枕在后脑勺

你有着高度的智慧和学习的热忱。然而有时你充满荒诞的想法，让人很难理解，难以跟随你的脚步。你很会照顾家人，但问题是你很难去爱上任何人，有一点令人难以捉摸。

7．平躺——交叉跷着二郎腿

有这种双腿交叉睡姿的人通常都有点自恋，会习惯于生活当中固有的模式，所以很难去接受生活上的变化。独处可能是你下意识的最佳的选择。换句话说，你解决问题的本领可能被你的耐性压制下来了。

8. 趴着——肚子朝下

假如你是一整晚趴着睡，你可能是个心胸狭窄，并且相当地以自我为中心的人。你一直强迫别人适应自己的需求，认为你所要的就是别人想要的，根本不在乎别人的感受，或者以散漫的态度来对待别人的感受。